工伤预防知识学习手册丛书

工伤预防：个人防护知识学习手册

主　编◎胡向阳　李昕阳　佟瑞鹏

副主编◎王益艳　董国宇

中国劳动社会保障出版社

图书在版编目（CIP）数据

工伤预防. 个人防护知识学习手册 / 胡向阳，李昕阳，佟瑞鹏主编. -- 北京：中国劳动社会保障出版社，2025. --（工伤预防知识学习手册丛书）. -- ISBN 978-7-5167-7123-5

Ⅰ. X928.03-62；X925-62

中国国家版本馆 CIP 数据核字第 2025FZ4166 号

工伤预防：个人防护知识学习手册

GONGSHANG YUFANG：GEREN FANGHU ZHISHI XUEXI SHOUCE

中国劳动社会保障出版社出版发行

（北京市惠新东街 1 号　邮政编码：100029）

*

天津市银博印刷集团有限公司印刷装订　　新华书店经销

880 毫米 ×1230 毫米　32 开本　3.875 印张　85 千字

2025 年 6 月第 1 版　　2025 年 6 月第 1 次印刷

定价：16.00 元

营销中心电话：400-606-6496

出版社网址：https://www.class.com.cn

“工伤预防知识学习手册丛书”编委会

内容简介

INTRODUCTION

工伤预防是预防、补偿、康复“三位一体”工伤保险制度体系的重要组成部分，各级相关管理部门、用人单位以及广大职工应当依法坚持采取一切适当的手段组织推进工伤预防工作，降低工伤事故伤害和职业病的发生率。在工作岗位中，难免要面对事故伤害风险和职业病危害因素，加强个人防护、正确佩戴和使用劳动防护用品是保护人身安全最后一道防线，要加强个人防护知识的宣传与普及，将其作为工伤预防工作的重要内容。

本书是“工伤预防知识学习手册丛书”之一，全面系统地介绍了工伤保险和工伤预防基础知识，梳理了工伤事故预防及职业病相关基本概念，以法律法规、规章制度、国家标准以及技术规范为依据，重点介绍了劳动防护用品基础知识，并按头部与呼吸、眼面部与听力、手足部与躯干等人体部位分别讲述了相应的劳动防护用品及其分类与应用，同时还介绍了高处作业防坠落用品知识等内容。

本书内容精简实用，典型性、通用性强，文字表述浅显易懂，版式活泼，搭配原创漫画配图，以便于对重要知识的理解与掌握。本书适合在工伤保险集中宣传活动中进行基础知识普及，并可在各级工伤保险主管部门、各类用人单位开展工伤预防宣传培训时使用，有助于广大职工群众提升工伤预防意识、掌握工伤保险与安全生产知识。

目　录

CONTENTS

第 1 章 工伤保险和工伤预防

1. 工伤保险的定义与特点

（1）工伤保险的定义

工伤保险是指国家立法实施的，通过用人单位缴费筹资形成基金，对因工作原因遭受事故伤害或者患职业病的职工本人及其近亲属给予相应待遇的一项社会保险制度。

（2）工伤保险的特点

工伤保险具有 4 个基本特点：一是强制性，工伤保险是国家通过立法强制执行的，在立法规定的范围内，用人单位必须参加工伤保险，为职工缴纳工伤保险费；二是非营利性，工伤保险既是国家对职工履行的社会责任，也是职工应该享有的基本权利，国家实行工伤保险制度，目的是保障职工安全健康，因此国家提供的所有工伤保险有关的服务，均不以营利为目的；三是保障性，为工伤职工及其近亲属提供基本生活保障和医疗康复待遇；四是互助互济性，通过法定程序筹集工伤保险基金，实现不同群体、地域和行业间的风险共担和基本调剂。

法律提示

《工伤保险条例》于 2003 年 4 月 27 日经中华人民共和国国务院令第 375 号公布，自 2004 年 1 月 1 日起施行。根据 2010 年 12 月 20 日《国务院关于修改〈工伤保险条例〉的决定》修订，修订后的条例自 2011 年 1 月 1 日起施行。

现行《工伤保险条例》共 8 章 67 条，基本结构为：第一章总则，第二章工伤保险基金，第三章工伤认定，第四章劳动能力鉴定，第五章工伤保险待遇，第六章监督管理，第七章法律责任，第八章附则。

2. 工伤保险的重要意义与原则

（1）工伤保险的重要意义

《工伤保险条例》的立法宗旨是保障因工作遭受事故伤害或者患职业病的职工获得医疗救治和经济补偿，促进工伤预防和职业康复，分散用人单位的工伤风险。这体现了国家设立工伤保险制度的重要意义。

（2）工伤保险的原则

1）强制性原则。工伤既给职工带来痛苦，给家庭带来不幸，也于用人单位乃至国家不利，因此国家通过立法，强制实施工伤保险制度，规定在覆盖范围内的用人单位必须依法参加工伤保险并履行缴费义务。

2）无过错补偿原则。工伤事故发生后，不管过错在谁，工伤职工均可获得补偿，以保障其及时获得医疗救治和基本生活保障。但这并不妨碍有关部门对事故责任人的追究，以防止类似事故重复发生。

3）职工个人不缴费原则。这是工伤保险与养老、医疗、失业等其他社会保险项目的区别之处。由于职业伤害是在工作过程中造成的，劳动力是生产的重要要素，职工为用人单位创造财富的同时付出了代价，所以理应由用人单位负担全部工伤保险费，职工个人不缴纳任何费用。

4）风险分担、互助互济原则。通过法律强制征收工伤保险费，建立工伤保险基金，采取互助互济的方法，分散风险，减轻企业、行业因工伤事故或职业病所产生的负担。

5）实行行业差别费率和浮动费率原则。为强化不同工伤风险类别的行业相对应的雇主责任，充分发挥缴费费率的经济杠杆作用，促进工伤预防，减少工伤事故，工伤保险实行行业差别费率，并根据用人单位工伤保险支缴率和工伤事故发生率等因素实行浮动费率。

6）预防与补偿、康复相结合原则。工伤预防、工伤补偿与工伤康复三者是密切相连的，构成了工伤保险制度的三个支柱。工伤预防是工伤保险制度的重要内容，工伤保险制度致力于采取各种措施，减少和预防事故发生。工伤事故发生后，及时对工伤职工予以治疗并给予经济补偿，使工伤职工本人及其家庭的生活得到一定的保障，是工伤保险制度的基本功能。同时，要及时对工伤职工进行医学康复和职业康复，使其尽可能恢复或部分恢复劳动能力，具备从事某种职业的能力，能够自食其力，这可以减少人力资源和社会资源的浪费。

7）一次性补偿与长期补偿相结合原则。对工伤职工或工亡职工的近亲属，工伤保险待遇实行一次性补偿与长期补偿相结合的办法。如对高伤残等级的职工、工亡职工的近亲属，在依法支付一次性补偿的同时，还按月支付长期补偿。这种一次性补偿与长期补偿相结合的办法，可以长期、有效地保障工伤职工及工亡职工近亲属的基本生活。

Tips 相关链接

《工伤保险条例》第二条规定：中华人民共和国境内的企业、事业单位、社会团体、民办非企业单位、基金会、律师事务所、会计师事务所等组织和有雇工的个体工商户（以下称用人单位）应当依照本条例规定参加工伤保险，为本单位全部职工或者雇工（以下称职工）缴纳工伤保险费。

中华人民共和国境内的企业、事业单位、社会团体、民办非企业单位、基金会、律师事务所、会计师事务所等组织的职工和个体工商户的雇工，均有依照本条例的规定享受工伤保险待遇的权利。

3. 我国工伤保险制度发展历程

（1）计划经济时期工伤补偿制度的建立和实施

1951 年，中央人民政府政务院颁布了《中华人民共和国劳动保险条例》，这是我国第一部包括养老、因工负伤、工亡职工遗属补偿等保险项目在内的全国性统一法规，也是社会保障制度在我国实施的起点。该条例对劳动保险的实施范围，保险费的征集、管理和支付，保险的项目和标准以及保险业务的执行和监督都作出了明确规定。

劳动保险制度中对因工负伤待遇的规定，结束了我国缺乏完整统一的工伤保障制度的历史，通过实行部分基金统筹的方式，为计划经济时期大规模的建设建立了工伤补偿制度，保障了这一时期工伤职工及其家属的基本生活，具有分散工伤风险、促进经济建设的积极意义。

（2）改革开放时期工伤保险制度的改革探索和实践

我国工伤保险制度改革始于20世纪80年代。1988年，劳动部主持制定了社会保险制度改革方案，选择了社会保险作为我国工伤保险的制度模式，初步形成了工伤保险制度改革框架，提出了工伤保险制度改革的主要内容。

在总结多年工伤保险改革试点经验和借鉴国外成熟做法的基础上，1996年8月12日，劳动部颁布了《企业职工工伤保险试行办法》，对工伤保险制度作了统一规定，对沿用至20世纪90年代初的企业自我保险的工伤保障制度进行了根本性改革。国家技术监督局也在1996年3月发布了《职工工伤与职业病致残程度鉴定》（GB/T 16180—1996）。

（3）适应市场经济体制的工伤保险制度的形成

2003年，国务院颁布《工伤保险条例》，标志着适应我国社会主义市场经济体制的工伤保险制度正式形成。

《工伤保险条例》的颁布，在我国工伤保险制度建设进程中具有里程碑意义，标志着我国的工伤保险制度步入了法治化轨道，也预示着我国的工伤保险制度改革进入一个崭新的发展阶段。同时，《工伤保险条例》的出台，使工伤保险成为我国社会保障体系的重要组成部分，对于进一步完善我国的社会保障体系，维护我国经济和社会的健康稳定发展，以及加快推进我国社会保障法治化建设，无疑起到了重要的推动作用。

4. 工伤保险基金与参保缴费

（1）工伤保险基金

稳定充足的工伤保险基金是工伤保险制度顺利实施的保障。《社会保险术语　第 5 部分：工伤保险》（GB/T 31596.5—2015）中将工伤保险基金定义为：按照法律规定，由用人单位缴纳的工伤保险费及其利息收入，以及其他依法纳入的资金汇集而成的，用于支付工伤保险待遇及其他相关支出的专项资金。

（2）工伤保险参保缴费

随着经济、社会的发展，世界各国已达成共识，认为职工在为用人单位创造财富、为社会作出贡献的同时，还冒着付出健康和生命代价的风险。因此，由用人单位缴纳工伤保险费是完全必要和合理的。

《工伤保险条例》第十条规定：用人单位应当按时缴纳工伤保险费。职工个人不缴纳工伤保险费。用人单位缴纳工伤保险费的数额为本单位职工工资总额乘以单位缴费费率之积。对难以按照工资总额缴纳工伤保险费的行业，其缴纳工伤保险费的具体方式，由国务院社会保险行政部门规定。

相关链接

目前，世界各国实行的工伤保险制度大体分为两种类型，即社会保险类型与雇主责任类型。

实行社会保险类型工伤保险制度的国家约占实行工伤保险制度国家的2/3。工伤保险基金可以是一般社会保险基金的组成部分，也可以是单独的。在这些国家中，凡参加工伤保险的雇主，都必须向社会保险机构缴纳工伤保险费。

少数国家实行雇主责任类型工伤保险制度，体现为雇主责任制。雇主责任制有两种方式：一是工伤职工或其亲属直接向雇主索赔，二是雇主为其雇员的工伤风险购买商业保险。雇主责任制下，雇主承担全部的缴费甚至赔偿责任，职工个人不缴费。

5. 工伤认定

（1）各类工伤认定的情形

《工伤保险条例》第十四至十六条分别对应当认定为工伤的情形、视同工伤的情形和不得认定为工伤或者视同工伤的情形作出了明确规定。

1）职工有下列情形之一的，应当认定为工伤：

①在工作时间和工作场所内，因工作原因受到事故伤害的；

②工作时间前后在工作场所内，从事与工作有关的预备性或者收尾性工作受到事故伤害的；

③在工作时间和工作场所内，因履行工作职责受到暴力等意外伤害的；

④患职业病的；

⑤因工外出期间，由于工作原因受到伤害或者发生事故下落不明的；

⑥在上下班途中，受到非本人主要责任的交通事故或者城市轨道交通、客运轮渡、火车事故伤害的；

⑦法律、行政法规规定应当认定为工伤的其他情形。

2）职工有下列情形之一的，视同工伤：

①在工作时间和工作岗位，突发疾病死亡或者在 48 h 之内经抢救无效死亡的；

②在抢险救灾等维护国家利益、公共利益活动中受到伤害的；

③职工原在军队服役，因战、因公负伤致残，已取得革命伤残军人证，到用人单位后旧伤复发的；

职工有前款第①项、第②项情形的，按照《工伤保险条例》的有关规定享受工伤保险待遇；职工有前款第③项情形的，按照《工伤保险条例》的有关规定享受除一次性伤残补助金以外的工伤保险待遇。

3）职工符合前述规定，但是有下列情形之一的，不得认定为工伤或者视同工伤：

①故意犯罪的；

②醉酒或者吸毒的；

③自残或者自杀的。

（2）工伤认定的主要流程

工伤认定的流程可以总结为发生工伤、提出工伤认定申请、备齐申请材料、社会保险行政部门受理、作出工伤认定 5 个环节，具体如下：

1）发生工伤。职工发生事故伤害，或被诊断、鉴定为职业病。

2）提出工伤认定申请。职工所在单位应当自事故伤害发生之日或者职工被诊断、鉴定为职业病之日起 30 日内，向统筹地区社会保险行政部门提出工伤认定申请。

用人单位未按规定提出工伤认定申请的，工伤职工或者其近亲属、工会组织在事故伤害发生之日或者职工被诊断、鉴定为职业病之日起 1 年内，可以直接向用人单位所在地统筹地区社会保险行政部门提出工伤认定申请。

3）备齐申请材料。提出工伤认定申请应当提交下列材料：

①工伤认定申请表；

②与用人单位存在劳动关系（包括事实劳动关系）的证明材料；

③医疗诊断证明或者职业病诊断证明书（或者职业病诊断鉴定书）。

工伤认定申请表应当包括事故发生的时间、地点、原因以及职工伤害程度等基本情况。

4）社会保险行政部门受理。申请材料完整，属于社会保险行政部门管辖范围且在受理时效内的工伤认定申请，社会保险行政部门应当受理。申请材料不完整的，社会保险行政部门应当一次性书面告知工伤认定申请人需要补正的全部材料。

5）作出工伤认定。社会保险行政部门应当自受理工伤认定申请之日起 60 日内作出工伤认定的决定，并书面通知申请工伤认定的职工或者其近亲属和该职工所在单位。

案例解读

田某在某市铸造厂从事铸造工作。某日，车间主任派他到该厂另外一车间拿工具。在返回工作岗位途中，田某被该厂建筑工地坠落的砖块砸伤头部，当即被送往医院救治，后被诊断为脑裂伤。出院后，田某向单位申请工伤保险待遇，但是单位认为他不是在本职岗位受伤，因此不能享受工伤保险待遇。田某遂向当地社会保险行政部门投诉，要求认定其为工伤。

当地社会保险行政部门经调查后认为：虽然田某的致伤地点不是本职岗位，但他是受领导（车间主任）指派离开本职岗位到另一车间拿工具的，故其受伤地点应属于工作场所。这一事故具有一般工伤事故应具备的“三工”要素，即在工作时间、工作地点，因工作原因而受伤。因此，当地社会保险行政部门认定田某为工伤，并依法要求单位按规定给予田某相应的工伤保险待遇。

6. 劳动能力鉴定

（1）劳动能力鉴定申请条件

工伤职工申请进行劳动能力鉴定应符合以下条件：一是经过治疗后，伤情处于相对稳定状态，这样便于劳动能力鉴定委员会聘请的医疗卫生专家对伤情进行鉴定；二是职工经治疗后，确认是因工伤原因造成身体上的残疾；三是工伤职工的残疾对以后的工作、生活将产生直接影响，并且伤残程度已经影响到职工本人的劳动能力。在这种情况下，工伤职工应当进行劳动能力鉴定。

（2）劳动能力鉴定主体

用人单位、工伤职工或者其近亲属应当及时向设区的市级劳动能力鉴定委员会提出劳动能力鉴定申请。

（3）劳动能力鉴定流程

申请劳动能力鉴定的主要流程可以总结为以下 5 个环节：

1）职工伤情基本稳定，进行劳动能力鉴定。职工发生工伤，经治疗伤情相对稳定后存在残疾、影响劳动能力的，或者停工留薪期满（含劳动能力鉴定委员会确认的延长期限）的，应依法进行劳动能力鉴定。劳动功能障碍分为 10 个伤残等级，最重的为一级，最轻的为十级。生活自理障碍分为 3 个等级，即生活完全不能自理、生活大部分不能自理和生活部分不能自理。

2）备齐材料，提出申请。申请劳动能力鉴定应当填写劳动能力鉴定申请表，并提交材料：有效的诊断证明，按照医疗机构病历管理有关规定复印或者复制的检查、检验报告等完整病历材料；工伤职工的居民身份证或者社会保障卡等其他有效身份证明原件。

3）接受申请，作出鉴定结论。劳动能力鉴定委员会应当自收到材料完整的劳动能力鉴定申请之日起 60 日内作出劳动能力鉴定结论。必要时，该期限可以延长 30 日。劳动能力鉴定结论应当及时送达申请鉴定的单位和个人。

4）对鉴定结论不服的，可申请再次鉴定。申请鉴定的单位或个人对初次鉴定结论不服的，可以在收到鉴定结论之日起 15 日内，向省、自治区、直辖市劳动能力鉴定委员会申请再次鉴定。省、自治区、直辖市劳动能力鉴定委员会作出的劳动能力鉴定结论为最终结论。

5）若伤残情况发生变化，可申请劳动能力复查鉴定。自工伤职工劳动能力鉴定结论作出之日起 1 年后，工伤职工或者其近亲属、用人单位或者社会保险经办机构认为伤残情况发生变化的，可以向设区的市级劳动能力鉴定委员会申请劳动能力复查鉴定。对复查鉴定结论不服的，可以按照上述规定申请再次鉴定。

7. 工伤保险待遇

（1）工伤保险待遇享受条件

《中华人民共和国社会保险法》第三十六条规定：职工因工作原因受到事故伤害或者患职业病，且经工伤认定的，享受工伤保险待遇；其中，经劳动能力鉴定丧失劳动能力的，享受伤残待遇。

（2）工伤保险待遇主要类型

《工伤保险条例》中规定的工伤保险待遇主要有以下 4 种类型：

1）工伤医疗及康复待遇。包括工伤医疗及相关补助待遇、工伤康复待遇、辅助器具的安装配置待遇等。

2）停工留薪期待遇。职工因工作遭受事故伤害或者患职业病需要暂停工作接受工伤医疗的，在停工留薪期内，原工资福利待遇不变，由所在单位按月支付。停工留薪期一般不超过12个月。伤情严重或者情况特殊，经设区的市级劳动能力鉴定委员会确认，可以适当延长，但延长不得超过12个月。生活不能自理的工伤职工在停工留薪期需要护理的，由所在单位负责。

3）伤残待遇。根据工伤发生后劳动能力鉴定确定的劳动功能障碍程度和生活自理障碍程度的不同，工伤职工可享受相应的一次性伤残补助金、伤残津贴、一次性工伤医疗补助金、一次性伤残就业补助金及生活护理费等。

4）工亡待遇。职工因工死亡，其近亲属按照规定从工伤保险基金领取丧葬补助金、供养亲属抚恤金和一次性工亡补助金。

（3）停止享受工伤保险待遇的情形

1）丧失享受待遇条件的。如果工伤职工在享受工伤保险待遇期间情况发生了变化，不再具备享受工伤保险待遇的条件，如劳动能力得以完全恢复而无须由工伤保险制度提供保障时，应当停发工伤保险待遇。

2）拒不接受劳动能力鉴定的。如果工伤职工没有正当理由拒不接受劳动能力鉴定，一方面工伤保险待遇无法确定，另一方面也表明工伤职工并不愿意接受工伤保险制度提供的帮助，因此不应再享受工伤保险待遇。

3）拒绝治疗的。职工遭受事故伤害或患职业病后，有享受工伤医疗待遇的权利，也有积极配合医疗救治的义务。如果工伤职工无正当理由拒绝治疗，一味消极地依靠社会救助，则有悖于这一义务，不得再继续享受工伤保险待遇。

8. 工伤预防的概念与作用

（1）工伤预防的概念

工伤预防是指为避免与降低工伤风险所采取的宣传和培训等手段和措施。其中，工伤风险是指在工作过程中工伤发生概率和造成危害的程度。

工伤预防的目的是从源头上减少和避免事故伤害和职业病的发生，实现最大限度地减少工伤的最终目标。因此，在工伤保险工作中，应将工伤预防放在首位。

（2）工伤预防的地位和作用

工伤预防是预防、补偿、康复“三位一体”工伤保险制度体系的重要内容。《工伤保险条例》把工伤预防定为工伤保险三大任务之一，从而逐步改变了过去重补偿、轻预防的模式。生命安全和身体健康是职工的最大利益，用人单位和职工要共同做好工伤预防工作，坚持“安全第一、预防为主、综合治理”的安全生产工作方针。

工伤预防的作用主要表现在以下两方面：

1）工伤预防可以从源头上降低事故伤害和职业病的发生概率，保障职工的安全和健康。预防的要义在于“事先防范”，防未发生的事故，防“未病之病”，防患于未然。用人单位要进行生产活动，就存在发生事故伤害和职业病的可能。有关研究表明，现有的事故伤害80% 以上是可以通过安全生产管理与技术等手段避免的，说明了工伤预防工作的迫切性和重要性。

2）工伤预防工作从根本上有利于用人单位发展，促进社会和谐稳定。随着工伤保险制度的不断完善，工伤预防工作将得到逐步加强。一方面，工伤预防可以提升用人单位安全生产管理水平，消除事故隐患，从而减少和避免事故的发生。这既能有效保护职工的生命安全与身体健康，也能降低事故给用人单位带来的经济损失，确保生产经营活动的顺利进行，进而推动用人单位良性发展，为经济社会的进步贡献力量。另一方面，事故伤害的减少，将大幅度降低由此引发的劳资争议，有利于建立和谐的劳动关系，进而促进社会和谐稳定。

Tips 相关链接

在我国，工伤预防与安全生产关系密切，存在互相促进的辩证关系。工伤预防在促进安全生产、保护职工的安全和健康方面有着十分重要的意义和作用；反过来，安全生产对工伤预防也有十分重要的促进作用。

9. 职工工伤保险和工伤预防的权利和义务

（1）职工工伤保险和工伤预防的权利

职工工伤保险和工伤预防的权利主要体现在以下方面：

1）有权获得劳动安全卫生教育和培训，了解所从事的工作可能对身体健康造成的危害和可能发生的安全事故。

2）有权获得保障自身安全、健康的劳动条件和个人防护用品。

3）有权对用人单位管理人员违章指挥、强令冒险作业予以拒绝。

4）有权对危害生命安全和身体健康的行为提出批评、检举和控告。

5）从事接触职业病危害作业的，有权获得定期职业健康检查。

6）发生工伤时，有权得到抢救治疗。

7）发生工伤后，有权申请工伤认定和享受工伤保险待遇。

8）有权申请劳动能力鉴定和再次鉴定，认为伤残情况发生变化的，有权申请劳动能力复查鉴定。

9）因工致残尚有工作能力的，有权在就业方面得到特殊保护，得到职业康复培训和再就业帮助。依照法律规定，对因工致残的职工，用人单位不得解除劳动合同，并应根据不同情况安排适当工作。

10）与用人单位发生工伤保险待遇方面争议的，有权按照处理劳动争议的有关规定处理；对工伤认定结论不服或对社会保险经办机构核定的工伤保险待遇持有异议的，可以依法申请行政复议，也可以依法向人民法院提起行政诉讼。

（2）职工工伤保险和工伤预防的义务

权利与义务是对等的，有相应的权利，就有相应的义务。职工工伤保险和工伤预防的义务主要体现在以下方面：

1）有义务遵守劳动纪律和用人单位的规章制度，做好本职工作和被临时指派的工作，服从本单位负责人的工作安排和指挥。

2）在劳动过程中必须严格遵守安全操作规程，正确使用劳动防护用品，依法接受劳动安全卫生教育和培训，配合用人单位积极预防事故伤害和职业病的发生。

3）申请工伤认定、劳动能力鉴定时，有义务如实反映发生的事故伤害和职业病的有关情况；当有关部门调查取证时，应当给予配合。

4）除紧急情况外，工伤职工应当到签订工伤保险服务协议的医疗机构进行治疗。对于治疗、劳动能力鉴定、职业康复要接受有关机构的安排，并予以配合。

10. 工伤预防管理模式

目前，世界上工伤预防体制主要可以分为 3 类：第一类为独立型，即工伤保险机构自身单独管理和核算，从而使工伤预防体制相对独立。这种体制以意大利和德国为代表。第二类为混合型，即由几个部门联合管理工伤预防，如英国和大多数中欧、东欧国家，一般有两个相互独立的政府部门，一个主管职业安全，另一个主管职业卫生。第三类为附属型，即工伤预防职能归属于国家的某个部委，该部委主要是分管劳动和卫生的，如日本、芬兰、荷兰和挪威等国。

目前我国的工伤预防管理模式主要有以下 3 个方面：

（1）扩大工伤保险覆盖面

工伤保险作为一种“保险”，大数法则是其一个十分重要的原则，即参加保险者必须是较大的人群才能共同应对风险，较好地开展工伤预防等工作。

（2）费率机制预防措施

费率机制预防措施是指在筹集工伤保险基金的过程中，采取工伤保险行业差别费率和浮动费率机制，根据用人单位的工伤风险和工伤事故发生情况，调整用人单位的缴费费率，即对安全生产状况差、使用工伤保险基金多的用人单位提高缴费比例，对安全生产情况好、使用工伤保险基金少的用人单位降低缴费比例。这实质上是对两种不同情况的用人单位采取不同的奖惩措施，可以引导用人单位做好工伤预防，利用经济杠杆作用激励和督促用人单位加强安全生产管理和工伤预防工作。

（3）其他综合性预防措施

其他综合性预防措施主要指从工伤保险基金中提取一定比例的工伤预防费，做好工伤预防宣传与培训工作，提高用人单位和职工的工伤预防意识和能力，减少事故伤害和职业病的发生。

第2章 劳动防护用品基础知识

11. 劳动防护用品的定义及意义

（1）劳动防护用品的定义

劳动防护用品又称个体防护装备，是指由用人单位为劳动者配备的，使其在劳动过程中免遭或者减轻事故伤害及职业病危害的个体防护装备。

劳动防护用品分为以下十大类：

1）防御物理、化学和生物危险、有害因素对头部伤害的头部防护用品；

2）防御缺氧空气和空气污染物进入呼吸道的呼吸防护用品；

3）防御物理和化学危险、有害因素对眼面部伤害的眼面部防护用品；

4）防噪声危害及防水、防寒等的耳部防护用品；

5）防御物理、化学和生物危险、有害因素对手部伤害的手部防护用品；

6）防御物理和化学危险、有害因素对足部伤害的足部防护用品；

7）防御物理、化学和生物危险、有害因素对躯干伤害的躯干防护用品；

8）防御物理、化学和生物危险、有害因素损伤皮肤或引起皮肤疾病的护肤用品；

9）防止高处作业劳动者坠落或者高处落物伤害的坠落防护用品；

10）其他防御危险、有害因素的劳动防护用品。

（2）劳动防护用品的意义

1）保护劳动者。劳动防护用品对劳动者的保护体现在以下两个方面：

①预防职业病。许多工作场所存在各种职业病危害因素，如粉尘、化学物质、噪声、辐射等，劳动防护用品可以有效减少劳动者接触这些危害因素，预防职业病的发生。

②防止身体伤害。在高风险作业环境中，如建筑工地、矿山、化工厂等，劳动防护用品可以保护劳动者免受物理伤害。

2）减少工伤事故。劳动防护用品可以显著降低工作场所的事故风险，使劳动者在工作时更加安全，减少因事故导致的停工时间和医疗费用，提高工作效率和用人单位效益。

3）遵守法律法规。许多国家和地区的劳动法规定，用人单位必须为劳动者提供符合标准的劳动防护用品。提供劳动防护用品是用人单位的法律责任，违反这些规定会受到法律制裁。

法律提示

《用人单位劳动防护用品管理规范》规定：用人单位应当健全管理制度，加强劳动防护用品配备、发放、使用等管理工作。

用人单位应当安排专项经费用于配备劳动防护用品，不得以货币或者其他物品替代。该项经费计入生产成本，据实列支。

用人单位应当为劳动者提供符合国家标准或者行业标准的劳动防护用品。使用进口的劳动防护用品，其防护性能不得低于我国相关标准。

12. 劳动防护用品的作用、特点与分类

（1）劳动防护用品的作用

劳动防护用品供劳动者个人随身使用，是保护劳动者不受事故伤

害和患职业病的最后一道防线。当劳动安全卫生技术措施尚不能消除生产过程中的危险、有害因素，也暂时无法进行技术改造时，使用劳动防护用品就成为既能完成生产任务，又能保障劳动者安全与健康的一种手段。劳动防护用品的主要作用如下：

1）隔离和屏蔽作用。隔离和屏蔽作用是指劳动防护用品能隔离或屏蔽危险、有害因素，使人体免受侵害。如防护服、防护手套等。

2）过滤和吸附（收）作用。过滤和吸附（收）作用是指劳动防护用品中某些材料对毒物具有吸附作用。如呼吸防护用品中常用的活性炭。

（2）劳动防护用品的特点

劳动防护用品是保护劳动者安全与健康，防止其遭受事故伤害和患职业病的必备措施。它与劳动者的福利待遇以及保证产品质量、产品卫生和生活卫生所需要的非防护性工作用品有着原则性的区别。具体来说，劳动防护用品具有以下 3 个特点：

1）特殊性。劳动防护用品不同于一般的工作用品，用人单位必须按照国家有关标准和规范进行选择和发放。尤其是特种劳动防护用品，因其具有特殊的防护功能，所以在生产、使用、购买等环节中都有严格的要求。

2）适用性。劳动防护用品的适用性既包括选择的适用性，也包括使用的适用性。选择的适用性是指必须根据不同的工种和作业环境以及使用者的自身特点等选用合适的劳动防护用品；使用的适用性是指劳动防护用品不仅需要性能可靠，确保使用者的安全，而且还需要佩戴舒适、方便、灵活，不会为使用者增加额外的风险。

3）时效性。劳动防护用品都有一定的使用寿命。如橡胶、塑料等制品长时间受紫外线及温度变化影响会逐渐老化而易折断；一些劳动防护用品的零件长期使用会磨损，影响力学性能；有些劳动防护用品若保存条件不当也会影响其使用寿命。

（3）劳动防护用品的分类

1）按照用途以及防护部位，劳动防护用品可以分为以防止伤亡事故为目的的防护用品、以预防职业病为目的的防护用品和以防护人体指定部位为目的的防护用品。

①以防止伤亡事故为目的的防护用品，包括防坠落用品，如安全带、安全网等；防冲击用品，如安全帽、防冲击护目镜等；防触电用品，如绝缘服、绝缘鞋、绝缘手套等；防机械外伤用品，如防刺、割、绞、碾、磨损用的防护服、鞋、手套等；防酸碱用品，如耐酸碱手套、防护服等；防油用品，如耐油防护服、鞋、手套等；防水用品，如胶质工作服、雨衣、雨鞋或雨靴、防水保险手套等；防寒用

品，如防寒服、鞋、帽、手套等。

②以预防职业病为目的的防护用品，包括防尘用品，如防尘口罩、防尘服等；防毒用品，如防毒面具、防毒服等；防射线用品，如防射线服、铅玻璃眼镜等；防高温用品，如焊接防护服、隔热面罩、电焊手套等；防噪声用品，如耳塞、耳罩等。

③以防护人体指定部位为目的的防护用品，包括头部防护用品，如防尘帽、安全帽、防寒帽、防昆虫帽等；呼吸器官防护用品，如防尘口罩（面罩）、防毒口罩（面罩）等；眼面部防护用品，如防尘风镜、炉窑护目镜、隔热面罩等；手部防护用品，如普通防护手套、各种特殊防护（防水、防寒、防高温、防振）手套、绝缘手套等；足部防护用品，如防尘、防水、防油、防滑、防高温、防酸碱、防振鞋（靴）及电绝缘鞋（靴）等；躯干防护用品，通常称为防护服，如普通防护服、防水服、防寒服、防油服、防高温服、防酸碱服等。

2）劳动防护用品还可以分为特种劳动防护用品与一般劳动防护用品。特种劳动防护用品是指在劳动过程中预防或减轻严重伤害和职业危害的劳动防护用品，一般劳动防护用品是指除特种劳动防护用品以外的劳动防护用品。

13. 劳动防护用品使用注意事项

劳动防护用品根据生产工作的实际需要发给个人，劳动者在工作场所必须按照要求佩戴和使用劳动防护用品。以达到预防事故、保障个人安全的目的。

劳动防护用品使用注意事项主要如下：

（1）劳动者应针对防护目的，正确选择符合要求的劳动防护用品，绝不能选错或将就使用，以免发生事故。

（2）用人单位应对劳动者进行教育和培训，使其充分了解使用劳动防护用品的目的和意义，并正确使用。对于结构和使用方法较为复杂的防护用品，如呼吸器官防护用品，应进行反复训练，使劳动者能熟练使用。用于应急救灾的防护用品，要定期严格检验，并妥善存放在可能发生事故的地点附近，以方便取用。

（3）妥善维护保养劳动防护用品，不但能延长其使用期限，更重要的是可以保证其防护效果。耳塞、口罩、面罩等用后应用肥皂、清水洗净，并消毒、晾干；过滤式呼吸防护用品的滤料要定期更换，以防其失效；防止皮肤污染的工作服用后应集中清洗。

（4）劳动防护用品应有专人管理并负责维护保养，以保证其能充分发挥作用。

14. 劳动防护用品的选用

（1）劳动防护用品选用基本原则

《个体防护装备配备规范　第1部分：总则》（GB 39800.1—2020）中列出了常用个体防护装备（劳动防护用品）的分类、防护功能及适用范围。应根据辨识的作业场所危害因素和危害评估结果，结合劳动防护用品的防护部位、防护功能、适用范围和对作业环境和使用者的适用性，选择合适的劳动防护用品。例如，高处作业（如建筑施工、架线、高崖作业、货物堆垒）存在高处坠落等风险，应选用安全帽、安全带和防滑工作鞋；存在物体坠落、撞击的作业（如建筑施工、桥梁建设、采矿、钻探、造船、起重、森林采伐）应选用安全帽和安全鞋。

（2）劳动防护用品配备流程

依据《个体防护装备配备规范　第1部分：总则》（GB 39800.1—

2020），个体防护装备（劳动防护用品）的配备流程如下图所示。

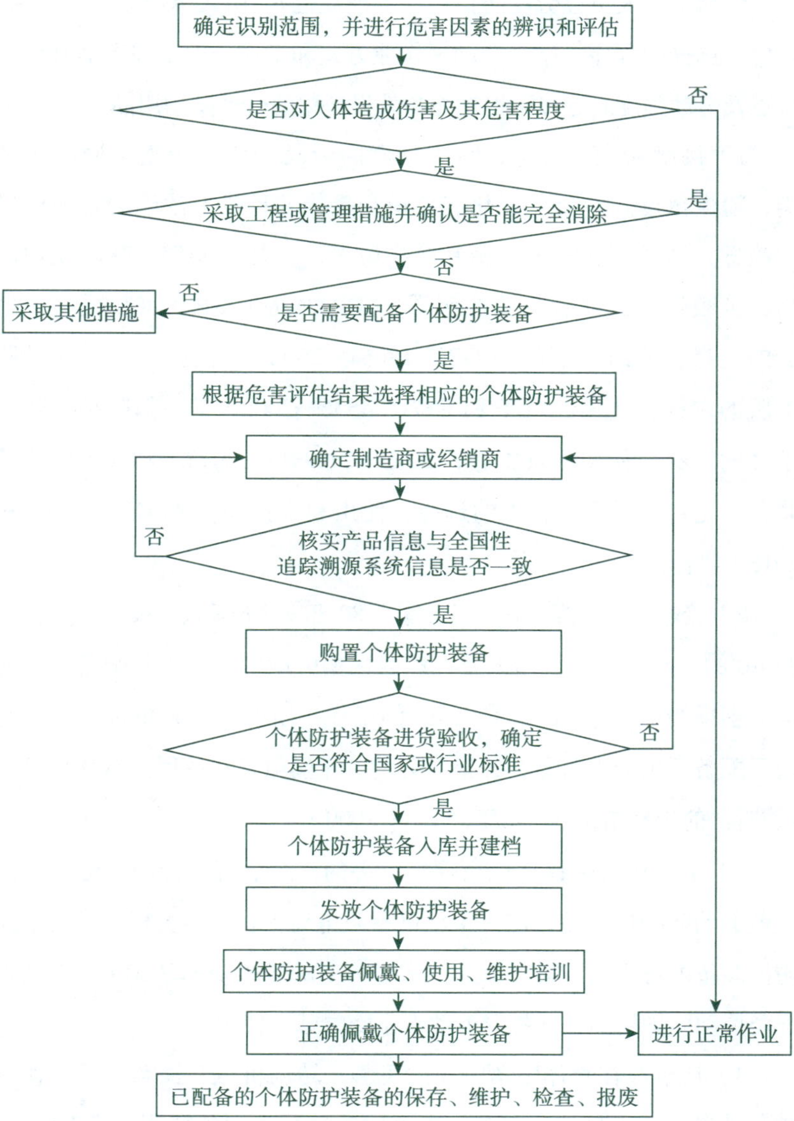

（3）按照防护功能和效果选择劳动防护用品

依据《用人单位劳动防护用品管理规范》，用人单位应按照识别、评价、选择的程序，结合劳动者作业方式和工作条件，并考虑其个人特点及劳动强度，选择防护功能和效果适用的劳动防护用品。

1）接触粉尘、有毒、有害物质的劳动者应当根据不同粉尘种类、粉尘浓度及游离二氧化硅含量和毒物的种类及浓度配备相应的呼吸器、防护服、防护手套和防护鞋等。具体可参照《呼吸防护用品　自吸过滤式防颗粒物呼吸器》（GB 2626—2019）、《呼吸防护用品的选择、使用及维护》（GB/T 18664—2002）、《防护服装　化学防护服的选择、使用和维护》（GB/T 24536—2009）、《手部防护　防护手套的选择、使用和维护指南》（GB/T 29512—2013）和《个体防护装备　足部防护鞋（靴）的选择、使用和维护指南》（GB/T 28409—2012）等标准。

2）接触噪声的劳动者，当暴露于 80 dB ≤ 8 h 等效声级（$L_{EX,\ 8h}$）< 85 dB 的工作场所时，用人单位应当根据劳动者需求为其配备适用的护听器；当暴露于 $L_{EX,\ 8h} \geq 85$ dB 的工作场所时，用人单位必须为劳动者配备适用的护听器，并指导劳动者正确佩戴和使用。具体可参照《护听器的选择指南》（GB/T 23466—2009）。

3）工作场所中存在电离辐射危害的，经危害评价确认劳动者需佩戴劳动防护用品的，用人单位可参照电离辐射的相关标准及《个体防护装备配备规范　第 1 部分：总则》（GB 39800.1—2020）为劳动者配备劳动防护用品，并指导劳动者正确佩戴和使用。

4）从事存在物体坠落、碎屑飞溅、转动机械和锋利器具等作业的劳动者，用人单位还可参照《个体防护装备配备规范　第 1 部分：

总则》（GB 39800.1—2020）、《头部防护　安全帽选用规范》（GB/T 30041—2013）和《坠落防护装备安全使用规范》（GB/T 23468—2009）等标准，为劳动者配备适用的劳动防护用品。

5）同一工作地点存在不同种类的危险、有害因素的，应当为劳动者同时提供防御各类危害的劳动防护用品。需要同时配备的劳动防护用品，还应考虑其可兼容性。劳动者在不同地点工作，并接触不同的危险、有害因素，或接触不同的危害程度的有害因素的，为其选配的劳动防护用品应满足不同工作地点的防护需求。

6）劳动防护用品的选择还应当考虑其佩戴的合适性和基本舒适性，根据个人特点和需求选择适合号型、式样。

7）用人单位应当在可能发生急性职业损伤的有毒、有害工作场所配备应急劳动防护用品，放置于现场临近位置并有醒目标识。用人单位应当为巡检等流动性作业的劳动者配备随身携带的个人应急防护用品。

15. 劳动防护用品的管理

（1）用人单位关于劳动防护用品的管理责任

1）用人单位应根据工作场所中的职业病危害因素及其危害程度，按照法律、法规、标准的规定，为劳动者免费提供符合国家规定的劳动防护用品。不得以货币或其他物品替代应当配备的劳动防护用品。

2）用人单位应教育、培训劳动者按照使用规则和防护要求正确使用劳动防护用品，使劳动者做到“三会”：会检查劳动防护用品的可靠性，会正确使用劳动防护用品，会正确维护保养劳动防护用品。

用人单位应定期进行监督检查。

3）用人单位应按照产品说明书的要求，及时更换、报废过期和失效的劳动防护用品。

4）用人单位应建立健全劳动防护用品的购买、验收、保管、发放、使用、更换、报废等管理制度和使用档案，并进行必要的监督检查。

法律提示

《中华人民共和国安全生产法》规定，生产经营单位必须为从业人员提供符合国家标准或者行业标准的劳动防护用品，并监督、教育从业人员按照使用规则佩戴、使用。

（2）劳动防护用品的使用期限

劳动防护用品的使用期限与其使用频率、自身性质以及作业场所环境等多方面因素有关。一般来说，确定劳动防护用品的使用期限应考虑以下 3 个原则：

1）腐蚀程度。根据不同作业对劳动防护用品的腐蚀程度，可将作业分为重腐蚀作业、中腐蚀作业和轻腐蚀作业。劳动防护用品的使用期限应根据作业环境及工种而定。

2）损耗情况。根据防护功能降低的程度，可将劳动防护用品损耗情况分为轻度损耗、中度损耗和强制报废。损耗情况反映了劳动防护用品的防护性能。

3）耐用性能。根据使用期限，可将劳动防护用品分为耐用、中等耐用和不耐用。耐用性能反映了劳动防护用品的材质和综合质量。

例如，用耐高温阻燃纤维织物制成的阻燃防护服，要比用阻燃剂处理的织物制成的阻燃防护服耐用。

（3）国家对劳动防护用品违法行为的处罚

1）根据《中华人民共和国职业病防治法》的规定，未提供职业病防护设施和个人使用的职业病防护用品，或者提供的职业病防护设施和个人使用的职业病防护用品不符合国家职业卫生标准和卫生要求的用人单位；以及对职业病防护设备、应急救援设施和个人使用的职业病防护用品未按规定进行维护、检修、检测，或者不能保持正常运行、使用状态的用人单位，由卫生行政部门给予警告，责令限期改正。逾期不改正的，处 5 万元以上 20 万元以下的罚款；情节严重的，责令停止产生职业病危害的作业，或者提请有关人民政府按照国务院规定的权限责令关闭。

2）根据《中华人民共和国安全生产法》的规定，未为从业人员提供符合国家标准或行业标准的劳动防护用品的生产经营单位，责令限期改正，处5万元以下的罚款；逾期未改正的，处5万元以上20万元以下的罚款，对其直接负责的主管人员和其他直接责任人员处1万元以上2万元以下的罚款；情节严重的，责令停产停业整顿；构成犯罪的，依照刑法有关规定追究刑事责任。

3）根据《使用有毒物品作业场所劳动保护条例》的规定，未向从事使用有毒物品作业的劳动者提供符合国家职业卫生标准的防护用品，或者未保证劳动者正确使用的用人单位，由疾病预防控制部门给予警告，责令限期改正；逾期不改正的，处5万元以上20万元以下的罚款；情节严重的，提请有关人民政府按照国务院规定的权限予以关闭；造成严重职业中毒危害或者导致职业中毒事故发生的，对负有责任的主管人员和其他直接责任人员依照刑法关于重大劳动安全事故罪或者其他罪的规定，依法追究刑事责任。

第3章 头部与呼吸防护用品

16. 常见的头部防护用品

头部防护用品主要用于保护头部免受物体撞击、坠落物伤害、机械性损伤以及有害物质的侵害。以下是一些常见的头部防护用品及其特点。

（1）工作帽

工作帽用于对头部进行保护，防止发生头部脏污、擦伤，以及发辫卷入运转中机器等一般性物理因素伤害或其他事故。

工作帽主要对头发起两种防护作用：一是保护头发不被灰尘、油烟和其他环境因素污染，二是避免头发被卷入正在运行的传动带或滚轴等机器中。另外，工作帽还可以起到防止异物进入颈部的作用。例如，炼钢工人和铸造工人佩戴的工作帽有一个长的披肩，不但能够对头发起到保护作用，还可以防止钢水飞溅时落入颈部导致烫伤。

工作帽一般要求帽体美观大方，佩戴舒适，凉爽轻巧。在不需要防尘的情况下，也可以用带孔的编织品制作，这样通风效果更好。长舌工作帽既可以遮光，也可以起安全警示作用，在人头部有可能与机器相碰的情况下，帽舌可先于人的头部碰到机器，使人警觉起来。

工作帽一般用经久耐用的纤维织物制作，样式不宜过于复杂，要容易洗涤熨烫。工作帽的大小最好可以随意调节，以适应各种头型。

工作帽要根据工作性质和实际需要进行选择，并按规定正确佩戴，帽体要正，头发应全部罩在帽中，以免头发露在外面而降低防护作用。

（2）安全帽

安全帽广泛用于建筑工地、矿山、工厂、仓库等场所，保护头部免受坠落物和飞溅物的撞击，根据使用场景不同，又包括普通型安全帽、防寒安全帽、电绝缘安全帽、防静电安全帽、焊接安全帽等。

安全帽按防护性能分为普通型和特殊型。普通型安全帽对使用者头部受坠落物或小型飞溅物体等特定因素引起的伤害起防护作用；特殊型安全帽除具备普通型安全帽防护性能外，还具有阻燃、侧向刚性、耐低温、耐极高温、电绝缘、防静电、耐熔融金属飞溅等一项或多项特殊性能。

安全帽应具备的性能状态如下：

1）标识齐全、清晰，包括制造厂名、生产日期、产品名称、产品的分类标记、产品的强制报废限制等；

2）在规定的使用年限内；

3）外观无缺陷，各部件完好、无异常，安装牢固，无松脱、滑落现象；

4）帽壳表面无裂纹、无灼伤、无冲击痕迹，帽衬与帽壳连接牢固，帽箍调节器开闭灵活，卡位牢固；

5）帽壳与帽衬顶部缓冲空间为 20~50 mm。

17. 安全帽的防护原理、分类

（1）安全帽的防护原理

安全帽由帽壳、帽衬、下颏带、帽箍等部件组成，其主要组成部分为帽壳和帽衬。良好的帽壳、帽衬材料，以及适宜的帽形与合理的帽衬结构相配合，可以起到阻挡外来冲击物，缓解、分散、吸收冲击力的作用。

安全帽的帽壳多采用椭圆或半球形结构，表面连续、光滑，物体坠落到帽壳上后易滑脱。安全帽顶部一般设有顶筋，以提高帽壳顶部强度。冲击过程中允许帽壳轻度变形，但不能触及佩戴者头顶。帽壳外形不宜采用平顶的形状，因平顶不易使坠落物滑脱，且受冲击时顶部形变大，易触及佩戴者头顶。

安全帽的帽衬是帽壳内部部件的总称，包括帽箍、顶带、吸汗带、缓冲垫等。帽衬在冲击过程中主要起缓冲作用，其材料的优劣、结构的合理性与协调程度直接影响安全帽吸收冲击力的性能。

安全帽能承受压力主要运用了以下 2 个方面的原理：

1）缓冲减震作用。因帽壳与帽衬之间有 20~50 mm 的间隙，故当物体撞击安全帽时，帽壳不因受力变形而直接影响到头顶。

2）分散应力作用。帽壳为椭圆形或半球形，表面光滑，物体坠落在帽壳上可立即滑落；帽壳受打击点承受的力向周围传递，把着力点变成了着力面，从而减小单位面积受力。

国家标准中规定安全帽受到冲击后传递到头部的力不得大于 4 900 N。这是因为 4 900 N 是人体颈椎受力的最大限值，超过此限值颈椎就会受到伤害，轻则引起瘫痪，重则危及生命。

（2）安全帽的分类

根据材料、外形和性能的不同，安全帽可进行如下分类：

1）按材料分类，安全帽可分为塑料安全帽、橡胶安全帽、纸胶安全帽、玻璃钢安全帽等。

2）按外形分类，安全帽可分为无檐安全帽、小檐安全帽、卷边安全帽、中檐安全帽、大檐安全帽等。

3）按性能分类，安全帽可分为普通型安全帽和特殊型安全帽。特殊型安全帽的特殊性能又可分为阻燃、侧向刚性、耐低温、耐极高温、电绝缘、防静电、耐熔融金属飞溅。

Tips 相关链接

用人单位应根据《用人单位劳动防护用品管理规范》的规定对安全帽进行经常性的维护、检修，定期检测其性能和效果，合格后方可继续使用。各级安全生产监督管理部门对到期的安全帽要监督并督促用人单位进行报废、更换。

18. 安全帽的使用与维护

（1）不同安全帽的适用场合

1）玻璃钢安全帽。这种安全帽以玻璃纤维与不饱和聚酯树脂为原料，采用手工糊制，再加温固化或模压成形。玻璃钢安全帽具有良好的耐高温与低温、电绝缘、耐腐蚀及阻燃性能，主要应用于冶金、油田钻井、森林采伐、供电、高层建筑施工以及寒冷地区施工。

2）塑料安全帽。这种安全帽使用的塑料有聚碳酸酯、ABS（指丙烯腈、丁二烯、苯乙烯的共聚物）、超高分子聚乙烯、改性聚丙烯等。这些材料均属热塑性工程塑料，具有良好的抗冲击、耐高温、电绝缘等性能。与玻璃钢安全帽相比，塑料安全帽成本较低，因此广泛应用于各种行业。

ABS 塑料安全帽主要适用于采矿、机械加工等冲击强度较高的室内常温作业，不能接触明火，不适宜长期在低温露天的环境中使用。超高分子聚乙烯塑料安全帽适用范围较广，冶金、石油、化工、矿山、建筑、机械、电力、交通运输、地质、林业等冲击强度较低的室内外作业均可应用。

3）胶布矿工帽。胶布矿工帽用胶布糊胎，模压硫化成形，多为黑色椭圆形小檐顶筋式，也有外加白色涂料的。其最大特点就是抗静电性能好、耐用，主要用于煤矿、井下、涵洞、隧道作业等。

4）防寒安全帽。防寒安全帽的作用是对头部保暖和防御物体打击伤害，由帽面、帽里、帽壳及其他防寒构件（如耳扇）组成。帽面由皮革、人造革或其他织物制成，帽里充填棉花、腈纶棉等防寒材料，帽壳是用工程塑料或其他材料制成的半球形硬壳，防寒构件则由长毛绒或羊剪绒制成。防寒安全帽适合寒冷地区露天作业人员使用。

5）纸胶安全帽。纸胶安全帽的帽壳用造纸木浆添加强力助剂模压加工而成。其防辐射性能好，耐高温、低温，抗老化性能强，适用于建筑、矿山、油田、化工、交通运输等行业。用于户外作业时，纸胶安全帽还可防太阳辐射、风沙和雨淋。

6）植物条编织的安全帽。植物条编织的安全帽在帽壳顶部粘有钢板纸、塑料板或涂有一层玻璃钢，以增加其强度。这类产品透气性好、重量轻，但刚性较低，遭受冲击后形变较大，又不阻燃，一般仅适用于炎热地区无明火的作业场所。

（2）安全帽的选用

每种安全帽都具有一定的技术性能指标和适用范围，所以要根据所从事的行业和作业环境选购相应的产品。例如，建筑行业一般选用普通型安全帽；电力行业，因接触电网和电气设备，应选用特殊型（电绝缘类）安全帽；在易燃易爆的环境中作业，应选择特殊型（防静电类）安全帽。安全帽具体选用标准如下：

1）在可能存在物体坠落、碎屑飞溅、磕碰、撞击、穿刺、挤压、摔倒及跌落等伤害头部的场所时，应佩戴普通型安全帽。

2）当作业环境中可能存在短暂接触火焰、短时局部接触高温物体或暴露于高温场所时，应佩戴具有阻燃性能的安全帽。当作业环境中可能发生侧向挤压，包括可能发生塌方、滑坡的场所，存在可预见的翻倒物体，可能发生速度较低的冲撞场所时，应佩戴具有侧向刚性的安全帽。在对静电高度敏感、可能发生引爆燃或需要本质安全的场所，应佩戴具有防静电性能的安全帽。在可能接触 400 V 以下三相交流电时，应佩戴具有电绝缘性能的安全帽。在需要保温且环境温度不

低于 −20 ℃的低温作业工作场所，应佩戴具有防寒功能或与佩戴的其他防寒装备不发生冲突的安全帽。

3）当作业环境可能发生淋水、飞溅渣屑以及阳光、强光直射眼部等情况时，应选用大檐、大舌安全帽。当作业环境为狭窄场地时，应选用小檐安全帽。

4）当进行焊接作业且应佩戴安全帽时，可选用符合《职业眼面部防护　焊接防护　第 1 部分：焊接防护具》（GB/T 3609.1—2008）要求的焊接工作防护面罩与安全帽进行组合，或者选用焊接工防护面罩和安全帽一体式的防护具。

5）作业人员选用的安全帽应与佩戴的听力防护用品适配无冲突，佩戴带有护听器的安全帽应符合《护听器的选择指南》（GB/T 23466—2009）的相关规定。

6）作业人员所选用的安全帽应与所佩戴的个人用眼面部防护用品适配无冲突，佩戴与安全帽组合的面罩时，应符合《眼面防护具通用技术规范》（GB 14866—2023）的相关规定。

（3）安全帽的正确佩戴与维护

1）使用前应根据佩戴者头型将帽箍调至适当位置，避免过松或过紧；将帽衬衬带位置调节好并系牢。

2）使用时应戴正、戴牢，锁紧帽箍，配有下颏带的安全帽应系紧下颏带，确保在使用中不意外脱落。

3）使用时佩戴者的长发必须盘在安全帽内。

4）严禁在安全帽上打孔、刻划、钻钉。

5）不得在安全帽上涂敷油漆、涂料、汽油或溶剂等。

6）不得随意碰撞挤压或将安全帽用作除佩戴以外的其他用途，

如坐压、砸坚硬物体等。

7）对热塑材料制作的安全帽，不得用热水浸泡及放在暖气片、火炉上烘烤。

8）受过强冲击的安全帽，即使没有明显损坏也不得继续使用。

19. 呼吸防护用品的分类与检查保养

（1）呼吸防护用品的分类

根据结构和原理，呼吸防护用品可分为过滤式和隔绝式两大类；根据防护用途又可分为防尘、防毒和供氧 3 类。

1）过滤式呼吸防护用品。这类防护用品能通过吸附、吸收、催化、过滤等作用将空气中的有害物质除去，可分为防尘口罩和防毒面具两种。

自吸过滤式防尘口罩是用于防御各种粉尘和烟雾等固体有害物质的呼吸防护用品，分为复式和简易式两种。其中复式防尘口罩由主体（口鼻罩）、滤尘盒、呼气阀和系带等部件组成；简易式防尘口罩没有滤尘盒，大部分不设呼气阀，直接将滤料做成口鼻罩。自吸过滤式防毒面具主要用于防御各种有毒有害气体、蒸气、颗粒物等，可分为直接式与导管式两种。前者为过滤件直接与面罩相连，后者为过滤件通过导气管与面罩相连。面罩按结构分为全面罩和半面罩：全面罩有头罩式和头戴式两种，应能遮住眼、鼻和口；半面罩一般只能遮住鼻和口。

2）隔绝式呼吸防护用品。这类防护用品能使佩戴者的呼吸器官与作业环境隔绝，靠自身携带的气源或依靠导气管引入作业环境以外的洁净气源来维持人体的正常呼吸。按其供气方式，隔绝式呼吸防护用品可分为携气式与供气式两种。

携气式呼吸防护用品有空气呼吸器和氧气呼吸器两种，其结构包括面罩、短导气管、供气调节阀和供气罐。供气形式有罐内盛压缩空气（氧气）和过氧化物与呼出的水蒸气及二氧化碳发生化学反应产生氧气两种。

供气式呼吸防护用品有电动送风呼吸器、手动送风呼吸器和自吸式长管呼吸器 3 种，由口罩（或面具、头盔）、长导气管、减压阀、净化装置及调节阀等组成。

（2）呼吸防护用品的检查保养

1）应按照呼吸防护用品使用说明书中的有关内容和要求，由经过培训的人员实施检查和维护，对使用说明书中未包括的内容，应及时向生产者或经销商询问。

2）每次使用前后均应检查呼吸防护用品的部件是否齐全完好，是否有老化破损现象，及时更换失效部件。

3）对携气式呼吸防护用品，使用后应立即更换用完或部分用完的气瓶或气体发生器，并更换其他过滤部件。更换气瓶时不允许将空气瓶与氧气瓶互换。

4）应使用专用润滑剂润滑高压空气或氧气设备。

5）使用者不应自行重新装填过滤式呼吸防护用品的过滤件内的吸附过滤材料，也不得采取任何方法自行延长已经失效的过滤件的使用时间。

20. 自吸过滤式防毒面具的使用

使用自吸过滤式防毒面具之前，应先连接防毒面具并进行佩戴气密性检查：使用者戴好防毒面具，用手或橡皮塞堵住过滤件进气口或将进气管弯折阻断气流，深呼吸，如没有空气进入，则此套面具气密性较好，可以使用，否则应修理或更换。佩戴自吸过滤式防毒面具作业时，如闻到毒气的微弱气味，应立即离开作业区域。在氧气体积分数小于 18%、有毒气体体积分数大于 2% 的地方，各型号自吸过滤式防毒面具都不能起到防护作用。

过滤件的防护性能针对性较强，不能乱用或混用。常用过滤件的类型及防护对象如下：

（1）普通过滤件

A 型：标色为褐色，用于防护沸点高于 65 ℃的有机气体或蒸气，例如苯、四氯化碳、硝基苯、环己烷等。

B 型：标色为灰色，用于防护无机气体或蒸气，例如氯化氢、氢氰酸、氯气等。

E 型：标色为黄色，用于防护二氧化硫和其他酸性气体或蒸气。

K 型：标色为绿色，用于防护氨及氨的有机衍生物。

CO 型：标色为白色，用于防护一氧化碳气体。

Hg 型：标色为红色，用于防护汞蒸气。

H_2S 型：标色为蓝色，用于防护硫化氢气体。

AX 型：标色为褐色，用于防护沸点不高于 65 ℃的有机气体或蒸气。

SX 型：标色为紫色，用于防护某些特殊化合物。

（2）多功能过滤件

多功能过滤件为用于防护普通过滤件中两种或两种以上类型的过滤件。

（3）综合过滤件

综合过滤件为具有防颗粒物功能的过滤件，按照防护颗粒物性质不同分为 KN 和 KP 两类，其中 KN 类只适用于过滤非油性颗粒物，KP 类适用于过滤油性和非油性颗粒物。

21. 正压式空气呼吸器的组成与使用

（1）正压式空气呼吸器的组成

正压式空气呼吸器主要用于消防、化工、石油等领域，可使佩戴者的呼吸器官、眼面部与外界染毒空气或窒息环境完全隔离，并有自带压空气源供佩戴者呼吸。呼吸过程中，面罩内压力始终大于环境压力。正压式空气呼吸器的组成如下：

1）气瓶和瓶阀。气瓶阀上装有安全膜片，当瓶内压力超过额定压力时，安全膜片会自动卸压；气瓶阀上还设有开启后的止退装置，使气瓶开启后不会被无意关闭。

2）减压器组件。减压器组件安装于背板上，通过一根高压管与气阀相连接，主要作用是将空气瓶内的高压空气降为稳定的中压空气，供给供气阀。

3）警报器。警报器的作用是防止佩戴者忘记观察压力表指示压力而出现气瓶压力过低、不能保证安全撤离的危险。不同佩戴者的肺活量、行进距离不同，应根据不同的情况确定安全撤离所必需的气瓶压力，绝不能等报警后才开始撤离。佩戴者在佩戴过程中必须经常观察压力表，防止因警报器失灵而出现压力过低的情况。

4）供气阀。供气阀的主要作用是将中压空气减压为一定流量的低压空气，供佩戴者呼吸。供气阀设有节省气源的装置，可防止在系统接通后、戴上面罩之前气源过量损失。

5）面罩。面罩的镜片应具有防雾或防霜的能力，保证视野清晰；面罩上安装有传声器及呼吸阀，通过快速接头与供气阀相连接。

6）压力表。压力表用来显示瓶内的压力。

（2）正压式空气呼吸器的使用

1）背戴气瓶。将气瓶阀向下背上气瓶，调节气瓶的位置和肩带松紧度，直到感觉舒适为止。

2）扣紧腰带。将腰带扣好，然后将左右两侧的伸缩带向后拉紧，确保扣牢。

3）佩戴面罩。佩戴者将面罩置于脸上，然后向后下方拉下头带，由上向下将面罩戴在头上。调整面罩位置，使下巴进入面罩下凹处，先收紧下端的两根颈带，然后收紧上端的两根头带及顶带，如果感觉不适，可调节头带松紧度。

4）检查气密性。佩戴者堵住呼气阀，然后缓缓呼气，若面罩稍微隆起，且能维持少许正压而无明显泄漏感，说明气密性良好。

5）装供气阀。将供气阀上的接口对准面罩插口，用力往上推，当听到“咔嚓”声时，安装完毕。

6）检查仪器性能。完全打开气瓶阀，此时，应能听到警报器发出短促的报警声，否则表示警报器失灵或者气瓶内无气；同时观察压力表读数。通过几次深呼吸检查供气阀性能，呼气和吸气都应舒畅、无不适感。

7）使用。正确佩戴呼吸器且经认真检查后即可正常使用。

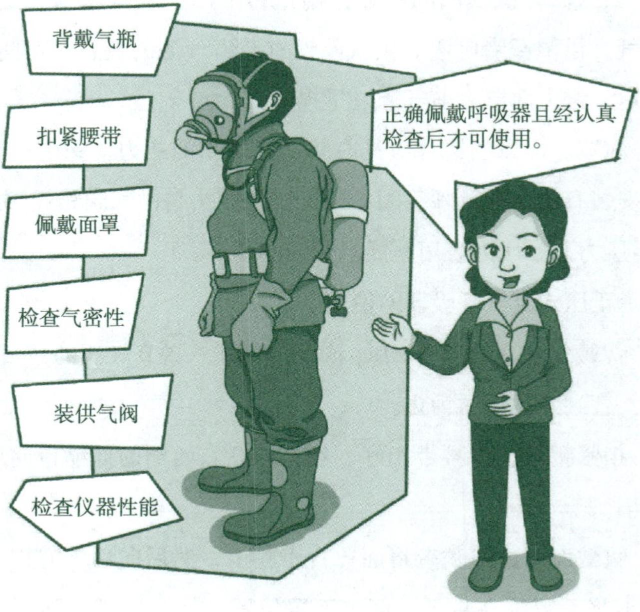

相关链接

正压式空气呼吸器在使用过程中要随时观察压力表，并注意警报器发出的报警信号。使用结束后，先松开颈带，再松开头带，将面罩从面部由下向上脱下。然后关闭供气阀，松开腰带。最后，放松肩带，将呼吸器从背上卸下，关闭气瓶阀。

22. 防尘口罩的使用及注意事项

（1）防尘口罩的使用

选用大小适合的防尘口罩并正确佩戴，这样才可起到防护作用。佩戴时，鼻梁金属条部分向上紧贴面部，将口罩上方头带放于头后，下方头带拉过头顶置于颈后，调至舒适位置。慢慢向内按压鼻梁金属条，直至其紧贴鼻梁。通过吸气与呼气测试防尘口罩的气密性。

在湿热、通风较差或劳动量较大的工作环境，使用具有呼吸阀的口罩可使佩戴者在呼气时感到更舒适。呼吸阀的工作原理是呼气时靠呼出气体的正压将阀片吹开，以迅速将气体排出，降低使用口罩时的闷热感，而吸气时的负压会自动关闭阀门，以避免吸进外界环境的污染物。

（2）使用防尘口罩的注意事项

1）定期更换口罩。防尘口罩应定期进行更换，此外，出现以下情况时也应及时更换：口罩被血渍或飞沫等异物污染；口罩损毁；在口罩与佩戴者面部贴合良好的情况下，佩戴者感到呼吸阻力变大，说明过滤件上已附满了粉尘颗粒。

2）口罩不宜长时间佩戴。鼻腔黏膜血液循环非常旺盛，鼻腔里的通道又很曲折，和鼻毛构起一道生理上的过滤“屏障”。长时间戴口罩，会使鼻腔黏膜变得脆弱，使鼻腔失去原有的生理功能。

3）口罩内外两侧不能交替使用。口罩的外层往往附有很多外界空气中的灰尘、细菌等污物，因此口罩的两面不能交替使用，否则外层沾染的污物会在直接紧贴面部时被吸入人体。

23. 自救器的分类与使用注意事项

（1）自救器的分类

自救器按其作用原理可分为过滤式和隔绝式两种。隔绝式自救器又分为化学氧自救器和压缩氧自救器两种。

过滤式自救器是一种通过过滤装置吸附、吸收、催化及直接过滤等作用除去一氧化碳、烟雾等有害气体的呼吸器。过滤式自救器主要用于火灾或瓦斯、煤尘爆炸时逃生，使用时受空气中氧气浓度及有毒气体种类的限制，只能用于氧气体积分数不低于 18%、一氧化碳体积分数不高于 1% 且不含其他有害气体的场所。

化学氧自救器利用化学生氧剂产生氧气供人呼吸，佩戴者的呼吸器官与外界空气完全隔绝，不受外界条件的限制，适用于火灾、瓦斯与煤尘爆炸、煤（岩）与瓦斯突出等事故中逃生，只要现场人员身体未受到直接伤害都可以佩戴。

压缩氧自救器以压缩氧气为气源，并能吸收呼出气体中的二氧化碳，可多次使用，每次使用后只需要更换新的二氧化碳吸收剂和重新充装氧气即可重复使用，适用于存在有毒气体或缺氧的环境条件。

（2）使用自救器的注意事项

1）作业前要用腰带把自救器系在左侧腰部，或挂在离本人工作岗位不远的地方。这样一旦发生事故，可以快速佩戴好自救器。

2）严禁随意拆开自救器。随意拆动自救器内部任何部件，或自救器外壳意外开启后，都应立即停止携带此自救器，并进行报废处理。

3）避免碰撞、跌落自救器；不应坐在自救器上，也不应用尖锐器具砸自救器外壳；自救器不能接触带电体或浸泡在水中。

4）作业前，要检查自救器外部有无损伤、松动，如发现不正常现象，应及时更换。

5）发生瓦斯、煤尘爆炸等事故时，要立即戴上自救器，做到沉着、冷静，佩戴完成后迅速撤离事故现场。在没有到达安全地点以前，切不可摘掉口具和鼻夹。

6）佩戴自救器撤离时，要匀速快步行走，呼吸要均匀，禁止狂奔乱跑，以防止意外伤害。

7）严禁佩戴过滤式自救器进入缺氧（氧气体积分数低于 18%）和含其他有害气体的场所。

8）自救器只能在一定时间内提供防护，因此佩戴自救器后不可在事故现场久留，也不可顺着烟雾风流走。应沿最近路线尽快走至安全、空气新鲜的区域。

9）过滤式自救器只能供佩戴者从事故现场撤退时使用。在非特殊情况下，严禁佩戴自救器进行事故救援工作，防止事故扩大。

10）佩戴过程中口腔产生的唾液，可以咽下，也可任其自然流入口水盒和降温器，严禁拿下口具往外吐。

11）应按期更换压缩氧自救器中的二氧化碳吸收剂，以保证使用时的安全；禁止随意打开氧气瓶开关；如果氧气瓶有慢漏气现象，应立即送去检修，再把氧气充足。

Tips **相关链接**

化学氧自救器在通过化学反应产生氧气的过程中，壳体会因反应放热而逐渐变热并使佩戴者感到吸入气体的温度逐渐升高，这表明自救器在正常工作，千万不可惊慌或因吸气干热而取下口具、鼻夹。在行进中严禁摘掉口具讲话，以防止吸入有毒有害气体。经过危险区域时，可快步行走；若因快步行走而感到呼吸阻力变大、气不够用，可放慢脚步缓解一下，即能正常呼吸。

第4章 眼面部与听力防护用品

24. 生产过程中可能遇到的眼面部伤害

（1）异物性眼伤害

铸造、机械制造、建筑施工是发生眼外伤的主要生产领域，特别是在进行干磨金属、切削非金属或铸铁、粉碎石头或混凝土等作业时，如果防护不当，砂粒、金属碎屑等异物容易进入眼内，有时可引起溃疡和感染。有的固体异物高速飞出击中眼球，可导致严重的眼球破裂或穿透性损伤。在农业生产中，烟尘、化肥、锯末、谷壳、昆虫也可进入眼中，引起异物性眼伤害。

（2）化学性眼面部伤害

生产过程中，酸碱液体、腐蚀性烟雾等进入眼中或溅落到面部皮肤，可引起角膜或面部皮肤烧伤。

（3）非电离辐射眼伤害

非电离辐射指波长大于 100 nm，不能引起物质电离的电磁波，如可见光、紫外线和红外线。电气焊接、氧切割、炉窑、玻璃加工、热轧和铸造等作业易产生非电离辐射。

紫外线可损伤眼部组织，引起电光性眼炎、白内障等职业性眼病。红外线辐射眼组织可产生热效应，引起眼睑的慢性炎症和白内障等。强可见光可引起眼睛疲劳和眼睑痉挛等，但这些症状是暂时的，不会造成病理变化。

（4）电离辐射眼伤害

电离辐射是能引起物质发生电离的辐射，包括高速带电粒子（如 α 粒子、β 粒子），不带电的中子和光子（如 γ 射线、X 射线）等。电离辐射主要发生在原子能工业、高能物理实验、医疗门诊、同位素治疗等场所。眼睛接触电离辐射将产生严重的后果。

相关链接

根据防护部位和防护性能，眼面部防护用品主要为防护眼镜和防护面罩，用于保护眼睛和面部免受紫外线、红外线和微波等电磁波辐射，以及粉尘、烟尘、金属和砂石碎屑、化学溶液等造成的损伤。

25. 防冲击眼部防护用品的材料与技术要求

（1）防冲击眼部防护用品的材料要求

1）制作材料应具有适当的强度和弹性。

2）不能用对皮肤有害的材料制作。

3）不能用易燃材料制作。

4）镜片应由塑胶片、黏合片或经强化处理的玻璃片制成，普通玻璃片只有紧贴在这些镜片的背面时才可使用。

（2）防冲击眼部防护用品的技术要求

1）对视野的要求。水平方向鼻侧视野不应小于 30°，垂直方向的视野在视线上下两个方向均不应小于 30°。适用于道路驾驶的眼部防护用品水平方向颞侧视野不应小于 60°，不适用于道路驾驶者水平方向颞侧视野不应小于 30°。

2）冲击防护性能。眼部防护用品应具有基本冲击防护性能，遭受冲击后，不应出现镜片破碎或脱落等。

3）耐热性。在 53~57 ℃加热 60 min，镜片应无变形、脱落等。

4）耐腐蚀性。清除金属部件黏附物后，放入质量分数为 10% 的氯化钠沸水溶液中浸泡 15 min 后取出；然后放入质量分数为 10% 的氯化钠常温水溶液中，浸泡 15 min；取出后勿进行擦拭，在室温下干燥 24 h，再用温水洗净，待其干燥，观察表面无腐蚀现象为合格。

5）镜片的外观质量。将镜片置于背景色前，用 60 W 白炽灯照明目测，表面光滑，无划痕、波纹、气泡、杂质等明显缺陷。

26. 焊接防护面罩与焊接护目镜

（1）技术要求

1）焊接护目镜的材料应具有一定的强度，不能用对皮肤有害或易燃的材料制作，眼罩头带使用的材料应质地柔软、经久耐用。

2）焊接防护面罩必须使用耐高温、耐腐蚀、耐潮湿、阻燃并具有一定强度和不透光的非导电材料制作。

3）焊接防护面罩的部件应配合牢固，没有松动现象，金属部件不能与面部接触；掀起部件必须灵活可靠；焊接护目镜应表面光滑，无毛刺、锐角或可能引起眼面部不适应感的其他缺陷；可调部件应灵活可靠，结构零件易于更换；应具有良好的透气性。

4）焊接防护面罩除去镜片、安全帽等附件后，质量不得大于 500 g；各类面罩的长度、宽度、深度、观察窗要符合标准要求。

5）焊接防护面罩材料的燃烧速度必须小于 76 mm/min，塑料材料要求离开火源 5 s 之内能自行熄灭。

（2）焊接防护面罩的种类

1）手持式电焊面罩。这类产品由面罩、观察窗、滤光片、手柄等部分组成。面罩部分用化学钢纸或塑料注塑成型。手持式电焊面罩多用于一般短暂电焊、气焊作业场所。

2）头戴式电焊面罩。这类产品由面罩、观察窗、滤光片和头带等部分组成。按材料不同，又有钢纸板头戴式电焊面罩和塑料头戴式电焊面罩。头戴式的面罩形状与手持式的面罩基本相同，头带由头围带和弓状带组成，面罩与头带用螺栓连接，可以上下翻动。不用时可以将面罩向上掀至额部，用时则向下遮住眼面部。这类产品适用于电焊、气焊操作时间较长的岗位。

3）安全帽式电焊面罩。这种产品将电焊面罩与安全帽用螺栓连接在一起，可以灵活上下翻动，适用于电焊作业，既能防护焊接弧光的伤害，又能防止作业环境坠落物体打击头部。

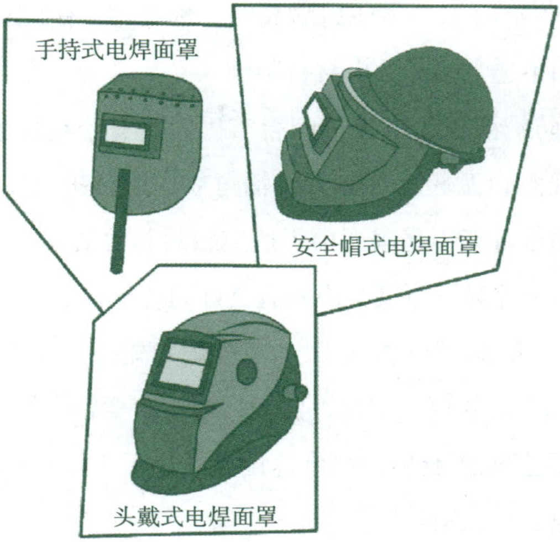

（3）焊接护目镜的种类

1）普通式焊接护目镜。这种焊接护目镜可防侧光，式样同普通护目镜。

2）翻转式焊接护目镜。这种焊接护目镜可将焊接滤光片翻转，便于观察焊接件的部位，同时在眼罩上设有透气孔，可以起到通风散热的作用。

3）折叠式焊接护目镜。其特点是左右镜片以轴链相接，可以折叠，携带方便。

4）开放式焊接眼罩。其特点是滤光片可以根据需要更换，更换时只需将滤光片从框架的插槽中向一侧推出，再插上需要的滤光片即可。

5）单镜片气焊眼罩。其特点是结构简单，可间接通风。

27. 激光防护镜的正确使用

（1）激光操作人员眼睛不能直视激光束或其反射光，即使佩戴激光防护镜，也最好斜视激光源。

（2）根据自己使用的激光发射器确认激光的种类及波长。如果波长在紫外区或红外区，应选用完全吸收型的激光防护镜；如果波长在可见光区，可选用完全吸收型的激光防护镜或部分透过型的激光防护镜。同一种激光发射器，发射的激光波长也可能不同。所以，一定要确认激光的波长，以选择使用适用的防护镜。

（3）选用激光防护镜时一定要注意其标明的滤光片防护波长、可见光透射比和防护等级等，不能用一种防护镜防护所有种类的激光。

（4）激光防护镜在使用过程中要经常检查，若出现材料老化、变形、针孔、裂纹以及其他机械损伤，应立即停止使用。

（5）在进行激光操作时，不仅要选用适用波长的激光防护镜，还要在激光发射器周围围上窗帘等隔挡物，尽可能防止激光扩散。如果激光发射器的周围不能围隔挡物，则要用隔挡物保护操作人员或周围人员。

28. 噪声的危害与控制

（1）噪声的危害

在物理学层面，噪声是不同频率和强度的声音无规律的杂乱组合。在生物学层面，不受欢迎和不需要的声音都称为噪声。噪声可对听觉产生如下危害：

1）暂时性听觉阈移。暂时性听觉阈移是指人或动物接触噪声后听阈产生变化，脱离噪声环境后经过一段时间可恢复到原有水平。根据听阈变化程度不同，暂时性听觉阈移可分为听觉适应和听觉疲劳。

①听觉适应。听觉适应指短时间暴露在噪声环境中，听阈提高 10 dB 以上的现象，离开噪声环境数分钟之内可以恢复。

②听觉疲劳。听觉疲劳指较长时间接触一定强度的噪声，听阈提高 15 dB 以上的现象，离开噪声环境至少几小时后才能恢复正常。

2）永久性听觉阈移。永久性听觉阈移是指噪声引起的不能恢复到正常水平的听阈提高。根据损伤的程度，永久性听觉阈移又分为听力损失、噪声聋及爆震聋。

①听力损失。中度以下的听力损失患者交谈和社交活动能正常进行。

②噪声聋。噪声聋是人们在工作过程中，由于长期接触噪声而发生的一种进行性的感音神经性听觉损伤。

③爆震聋。在某些产生超高分贝声音的生产条件下（如进行爆破），若防护不当，可造成听觉系统的严重外伤，称为爆震聋。爆震聋的损伤包括鼓膜破裂、听骨破坏、内耳组织出血等，甚至同时伴有脑震荡，主要症状有耳鸣、耳痛、恶心、呕吐、眩晕，听力严重障碍或完全丧失。

（2）生产性噪声的控制

1）消除或降低噪声源，使其符合噪声卫生标准。

2）从传播途径上控制噪声，消除或减少噪声传播。

生产性噪声防控的具体措施主要包括：企业总体设计布局要合

理，强噪声车间要与一般车间以及职工生活区分开；车间内强噪声设备与一般生产设备分开；利用屏蔽阻止噪声传播，如使用隔声罩、隔声板、隔声墙等隔离噪声源，强噪声作业场所要设置隔声屏；采取吸声措施，利用吸声材料装饰车间墙壁或将吸声材料悬挂在车间里，以吸收声能；采取隔振措施。

29. 听力防护用品的种类与使用

（1）听力防护用品的种类

听力防护用品主要有两大类：一类是置于耳道内的耳塞，用于阻止噪声进入；另一类是置于外耳的耳罩，限制噪声通过外耳进入耳鼓及中耳和内耳。需要注意的是，这两类听力防护用品均不能阻止相当一部分的噪声通过头部传导到听觉器官。

1）耳塞。耳塞由树脂泡沫或者橡胶等材料制成，用后可丢弃。也有一些种类的耳塞可以重复使用，但是必须注意卫生，使用后要注意清洁。另外，也要注意耳塞尺寸和佩戴者的耳道是否匹配。

2）耳罩。耳罩由遮住耳道的壳体和头环或颈环组成。壳体内充填吸声材料。耳罩的隔声性能取决于耳罩的设计、密封性及佩戴的松紧程度。

（2）听力防护用品的使用

耳塞的尺寸以能严密封闭外耳道又不引起刺激或压迫为好；使用耳罩时，要使其覆盖双耳并罩住部分颅骨，以减少骨传导的噪声。应根据噪声的强度和频率合理选用听力防护用品，如噪声强度为 110 dB 的中频噪声，只用耳塞即可；140 dB 的噪声，即使是低频，也宜耳塞和耳罩并用。

第5章 手、足部与躯干防护用品

30. 防护手套

防护手套是用于防御物理、化学和生物等外界因素伤害手部的手套，如防切割、绝缘、防水、防寒、防高温和防酸碱手套等。

要根据防护手套的特性和可能接触的危险有害因素，选用合适的手套。例如，由天然橡胶制成的手套对病原微生物、放射性尘埃有良好的阻断作用，也可防御一般低浓度的无机酸，但不能防御浓硝酸及浓硫酸。

（1）防护手套类型

根据其防护功能或使用场合，典型的防护手套类型如下：

1）机械危害防护手套；

2）化学品及微生物防护手套；

3）防热伤害手套；

4）防寒手套；

5）绝缘手套；

6）防静电手套；

7）电离辐射及放射性污染物防护手套；

8）耐臭氧及氧化化学品手套；

9）手持刀具割伤和刺伤的防护手套；

10）手持链锯防护手套；

11）防振手套；

12）一般职业用防护手套；

13）职业用高可视性防护手套；

14）应急救援用防护手套；

15）焊工防护手套。

（2）使用时注意事项

使用防护手套前，首先应了解不同种类手套的防护作用和使用要求，以便在作业时正确选择，切不可把一般场合用的手套当作专用防护手套来使用。防护手套应大小合适，避免因手套指过长被机械绞或卷住，导致手部受伤。

1）普通操作应佩戴机械危害防护手套，此类手套多用帆布、绒布、粗纱制成，可防尖锐物体、毛刺等伤手。

2）冬季户外作业应佩戴防寒手套。

3）接触甲醇、酸、碱等具毒性或腐蚀性的化学品时，应佩戴化学品及微生物防护手套，注意防止化学品溅到衣物或身体其他裸露部位上。

4）焊接作业应佩戴焊工防护手套，以防焊渣、熔渣等烧坏衣袖、烫伤手臂。

5）接触设备运转部件时禁止佩戴针织手套。

6）防护手套，特别是被汽油、柴油等轻质油品浸湿的手套使用完毕应及时清洗油污；禁止戴此类手套吸烟、点火、烤火等，以防被点燃。

相关链接

如何对防护手套进行保养与维护？

（1）由橡胶、塑料等制成的防护手套使用后应将其冲洗干净并晾干，保存时应避免高温，并撒上滑石粉，以防止其粘连。

（2）定期检验绝缘手套的绝缘性能，不符合规定的不能使用。

（3）强氧化性酸如硝酸、铬酸等易因其强氧化作用造成防护手套发脆、变色，甚至导致防护手套烧损，所以在使用及保存过程中应注意避免接触。

31. 绝缘手套

（1）绝缘手套定义

绝缘手套是用橡胶制成的手套，主要用于带电作业；除绝缘外，还应具有防机械刺穿、耐老化、耐低温、阻燃等性能。

（2）绝缘手套种类

绝缘手套按照其形状可分为连指手套和分指手套，按照其电气性能可分为 0、1、2、3、4 五级。0 级绝缘手套的适用电压为 380 V，1

级绝缘手套的适用电压为 3 kV，2 级绝缘手套的适用电压为 10 kV，3 级绝缘手套的适用电压为 20 kV，4 级绝缘手套的适用电压为 35 kV。

具有特殊性能的绝缘手套分为 A、H、Z、R、C 5 个类型。A 类绝缘手套具有耐酸性，H 类绝缘手套具有耐油性，Z 类绝缘手套具有耐臭氧性，R 类绝缘手套可耐酸、油和臭氧，C 类绝缘手套可耐低温。

（3）绝缘手套的要求

1）尺寸。除总长度外，绝缘手套的尺寸规格只提供参考值，不作强制规定，生产单位可以按照实际情况定制。

2）电气性能。绝缘手套必须具有良好的绝缘特性，能通过交流验证电压试验和耐受电压试验。

3）机械性能。绝缘手套的拉伸强度、扯断伸长率、拉伸永久变形等机械性能指标应符合标准。

4）耐老化性能。经过热老化处理的绝缘手套，拉伸强度应不低于老化前试验值的 80%，拉伸永久变形不超过 15%。

5）热性能。绝缘手套应具有耐低温和阻燃性能。

（4）使用注意事项

1）应使用经检验合格的绝缘手套，绝缘手套应定期进行检查。

2）佩戴前要对绝缘手套进行气密性检查，具体方法为：将手套从袖口向上卷，稍用力将空气压至手掌及手指部分，检查是否漏气，如漏气则不能使用。

3）佩戴绝缘手套作业时注意防止尖锐物体刺破手套。

4）使用后注意将绝缘手套存放在干燥处，并不得接触油类及腐蚀性化学品等。

5）不使用时应将绝缘手套包好并储存在专用箱内，避免阳光直射、雨雪浸淋，并应小心放置，防止挤压折叠。

相关链接

符合国家标准要求的绝缘手套应具有以下标记：

1）带电作业标志符号；

2）可适用的种类；

3）尺寸；

4）电压等级；

5）制造年月。

32. 造成足部伤害的因素

（1）物体砸伤或刺割伤

这是最常见的足部伤害因素。机械、冶金、建筑等行业生产过程中常有物体坠落或尖锐的物品散落在地面上，容易砸伤足趾或刺伤足底。

（2）高、低温伤害

冶炼、铸造、金属热加工、焦化等作业的工作场所常有强辐射热灼烤足部，且灼热的物料易喷溅到足面或掉入鞋内引起烧伤、烫伤。在寒冷地区，特别是在冬季，户外温度常在 0 ℃以下，有的甚至在 −20 ℃以下。在此环境下作业可导致足部冻伤。

（3）化学性（酸、碱）伤害

化工、造纸、有色冶炼、电池生产等行业生产过程中，常常接触酸、碱溶液，可能发生足部被酸、碱灼伤的事故。

（4）触电伤害

触电伤害是工伤事故中常见的伤害类型，可分为接触电伤害和非接触电伤害。接触电伤害主要是电流伤害，轻者有针刺感、打击感，出现颤抖、痉挛、血压升高、心律不齐等症状甚至昏迷；重者可发生心室颤动、心搏骤停、呼吸停止甚至死亡。非接触电伤害主要是电弧伤害，表现为电烧伤、皮肤炭化，严重者会伤及肌肉、骨骼和内部器官。电流通过人体时最易造成触电伤害的部位之一是脚，可见足部防触电的重要性。

（5）静电伤害

静电可引起作业人员的心理障碍，产生恐惧情绪，可造成手被机器轧碾或从高处坠落等事故；也可造成皮肤烧伤和皮炎。

33. 足部防护用品的种类

按防护功能，足部防护用品可分为以下几种：

（1）保护足趾鞋（靴）

足趾部分装有保护包头，保护足趾免受冲击或挤压伤害的防护鞋（靴），又称防砸鞋（靴）。

（2）防刺穿鞋（靴）

内底装有防刺穿垫，防御尖锐物刺穿鞋底的足部防护鞋（靴）。

（3）导电鞋（靴）

具有良好的导电性能，电阻值大于 0 Ω，小于或等于 100 kΩ，能在最短时间内消散人体聚积的静电荷，用于易燃易爆且没有电击危险场所的足部防护鞋（靴）。

（4）防静电鞋（靴）

电阻值大于 100 kΩ，小于或等于 1 000 MΩ，能及时消散人体聚积的静电荷，用于易燃、易爆场所和电压 250 V 以下作业中提供有限防电击功能的足部防护鞋（靴）。

（5）电绝缘鞋（靴）

能使人的足部与带电物体绝缘阻止电流通过身体，防止电击的足部防护鞋（靴）。

（6）耐化学品鞋（靴）

接触酸碱及相关化学品作业中穿用的足部防护鞋（靴）。

（7）低温作业保护鞋（靴）

鞋体结构与材料都具有防寒保暖作用，用于在温度 5 ℃及以下的低温环境作业的足部防护鞋（靴），又称防寒鞋（靴）。

（8）高温防护鞋（靴）

供高温作业场所人员穿用，以保护双脚在遇到热辐射、熔融金属火花或溅沫时以及在热物面上（一般指不高于 300 ℃）作业而免受伤害的足部防护鞋（靴）。

（9）防滑鞋（靴）

作业中防止滑倒的足部防护鞋（靴）。

（10）防振鞋（靴）

具有衰减振动性能，防御振动伤害的足部防护鞋（靴）。

（11）防油鞋（靴）

具有防油性能，适合足部接触油类的作业人员穿用的足部防护鞋（靴）。

（12）防水鞋（靴）

在积水或浅水作业区域作业时防止水进入鞋（靴）内部的足部防护鞋（靴）。

（13）多功能防护鞋（靴）

1）安全鞋。安全鞋为具有保护特征的鞋，装有保护包头，能提供至少 200 J 能量测试时的抗冲击保护和至少 15 kN 压力测试时的耐压力保护。

2）防护鞋。防护鞋为具有保护特征的鞋，装有保护包头，能提供至少 100 J 能量测试时的抗冲击保护和至少 10 kN 压力测试时的耐压力保护。

3）职业鞋。职业鞋为具有保护特征、未装有保护包头的鞋，用于保护穿着者免受事故引起的伤害。

4）矿工安全靴。矿工安全靴为矿工穿用的、保护矿工足腿部免遭作业区域危害的全橡胶和全聚合材料靴，具有足趾保护、抗刺穿、防静电、耐化学品、防油等功能。

5）焊接防护鞋。焊接防护鞋为气割、气焊、电焊及其他焊接作业中防御火花、熔融金属、高温金属和高温辐射等伤害的足部防护鞋，具有高温防护、电绝缘、足趾保护等功能。

34. 足部防护用品的适用场合与使用原则

（1）足部防护用品的适用场合

1）具有机械刺穿风险的作业场所，如有较多堆置物和机器设备的场所。

2）具有高温辐射和飞溅火花的高温作业场所，如冶金工业等。这类作业场所温度高，又有强辐射危害，必须穿用足部防护用品。

3）接触较高浓度的酸、碱等化学品的作业场所。

4）潮湿或者特别肮脏的作业场所。

（2）足部防护用品的使用原则

1）足部防护用品须根据作业条件选择适合的类型，并仔细挑选合适的鞋号，使作业人员穿着时感到舒适。

2）足部防护用品要有防滑的设计，不仅要保护人的足部免遭伤害，还要防止作业人员滑倒受伤。

3）不同性能的足部防护用品，要达到各自防护性能的技术要求。

4）使用足部防护用品前要认真检查，有破损、裂纹者不应继续使用。

5）足部防护用品用后要妥善保管。如橡胶鞋用后要用清水或消毒剂冲洗并晾干，以延长其使用寿命。

35. 触电防护鞋的使用

（1）电绝缘鞋

电在生产和日常生活中应用非常广泛。人体在不同情况下的导电能力和电阻都不一样，如皮肤的角质层在干燥时有较高的电阻值，但当皮肤有出汗和积尘等现象时，电阻值会急剧下降。当人体接触带电物体，或处于高电压感应区内时，若处理不当，均会造成触电事故。电绝缘鞋就是为了防止电流经过人体与大地形成回路导致触电事故而设计出来的一种防护鞋。

（2）防静电鞋和导电鞋

1）主要功能。防静电鞋和导电鞋都是以消除人体静电为目的的足部防护鞋。防静电鞋不仅可用于防止人体静电荷积聚，还可以在250 V 以下工频电压下提供保护。导电鞋可以在尽可能短的时间内消除人体静电，并使人体所带来的静电电压降至最低，但仅用于不会遭到电击的场所。

2）使用注意事项：

①导电鞋不能用于有电击危险的场所；

②防静电鞋虽然有防电击的作用，但禁止当电绝缘鞋使用；

③穿用防静电鞋和导电鞋时，不应同时穿绝缘的毛料厚袜及垫绝缘鞋垫；

④穿用防静电鞋作业的场所地面应是防静电的地面，穿导电鞋作业的场所地面应是能导电的地面；

⑤防静电鞋应同时与防静电服配套穿用，注意鞋子的清洁、防水、防潮；

⑥在穿用防静电鞋和导电鞋的过程中，应对鞋的电阻进行测试，

如果电阻值不在规定的范围内，则不能作为防静电鞋或导电鞋继续使用。

相关链接

生产过程中的静电危害

（1）在有爆炸和火灾危险的场所，静电产生的电火花会成为可燃性物质的点火源，造成爆炸和火灾事故。

（2）人体受到静电电击的刺激，可能引发二次事故，如坠落、跌伤等。此外，对静电电击的恐惧心理还会降低工作效率。

（3）某些生产过程中，静电引起的物理现象会对生产产生妨碍，导致产品质量不良，电子设备损坏；严重者会造成生产故障，乃至停工。

36. 防刺穿与耐化学品鞋

（1）防刺穿鞋

作业场所堆置的钉子、金属废料等尖锐物体可能会刺、割伤作业人员足底，这种情况在机械制造业、交通运输业以及仓储业较为普遍。

防刺穿鞋在鞋底上方置入防刺穿垫，防止锐器对作业人员足底造成伤害，主要适用于采矿、机械、建筑、冶金、运输等行业。

（2）耐化学品鞋

耐化学品鞋以防水革、塑料、橡胶等为材料，配以耐酸碱及相关化学品的鞋底经模压、硫化或注压成型，具有耐酸碱的性能。其主要作用是在足部接触酸、碱溶液或酸、碱溶液泼溅在足部时，保护足部不受伤害。此类防护鞋只适用于浓度较低的化学品防护，不能长时间浸泡在化学品溶液中作业，以防其浸入鞋内腐蚀足部。

37. 防护服的分类与要求

（1）防护服的分类

躯干防护用品即通常讲的防护服，分为一般防护服和特种防护服。特种防护服有阻燃防护服、防静电防护服、防射线防护服、耐酸碱防护服等。以使用目的来区别，防护服可分为以下几类：

1）防止化学品透过衣物侵害身体的化学防护服；

2）防止细菌、病毒等生物学危险、有害因素侵害人体的生物防护服；

3）防止放射性污染物质危害的防射线防护服；

4）防高温的阻燃服、隔热服；

5）用于水中浸泡作业，防止水渗入的防水服；

6）在寒冷的野外或低温仓库等场所作业时用的防寒服；

7）防止高压电磁场及高频电磁波危害的防静电服、微波辐射防护服；

8）防止切伤、割伤的普通及特种防护服。

（2）防护服的要求

防护服应做到安全、适用、美观大方，符合人体正常生理要求；款式应针对防护需要进行设计，以适应作业环境下的肢体活动，便于穿脱，不易引起钩、挂、绞、碾等情况，并能防止粉尘、污物等污染身体。

防护服应根据其功能需要，选用相适应的面料，以便于使用后的洗涤和修补。防护服颜色应与作业场所背景色有区别，不得影响各种色光信号的正确判断。防护服上带有安全标志时，标志应颜色醒目、牢固。根据服装结构，防护服可分为分体的上衣与下衣、连体衣、背心、背带裤、围裙等款式。

相关链接

防护服的功能首先取决于其使用的面料。任何一种具有特定用途的防护服，都要求其面料具有相应的性能。比如，用于防酸碱腐蚀的防护服，其面料首先要耐酸碱，同时又要求抗渗透。

38. 化学防护服

（1）化学防护服的分类

1）根据覆盖部位分类。可分为全包覆式防护服和非全包覆式防护服。全包覆式防护服可以完全覆盖穿着者和/或呼吸装备并且能够提供气密和/或液密防护；非全包覆式防护服对绝大部分人体（至少包括躯干、手臂和腿部）提供防护，无需覆盖穿着者的呼吸装备，可以分为连体式防护服和分体式防护服。

2）根据可使用次数分类。可分为有限次使用防护服和多次性使用防护服。有限次使用防护服对服装面料强度和耐磨程度要求低，仅单次使用或者在服装未受污染前有限次数使用；多次性使用防护服面料强度和耐磨程度高，在使用后进行必要的洗消处理并经过评估后依然可以提供有效防护。

3）根据所防护化学物质的形态分类。可分为气密型化学防护服、非气密型化学防护服、液密型化学防护服与颗粒物防护服。气密型化学防护服与非气密型化学防护服为应急救援工作中作业人员所需的带有头罩、视窗和手足部防护的单件化学防护服，其中气密型化学防护服可为穿着者提供对气态、液态和固态有毒有害化学物质的防护，非气密型化学防护服可为穿着者提供对浓度较低的气态以及液态和固态有毒有害化学物质的防护；液密型化学防护服用于防护液态化学物质；颗粒物防护服用于防护散布在作业环境中的细小颗粒。

（2）化学防护服的选择

1）根据化学物质状态选择。防护以气体及蒸气状态存在于作业环境空气中的化学物质，可选择气密型和非气密型化学防护服。对作业环境液体化学物质的防护，可选择气密型、非气密型和液密型化学防护服。对作业环境固体化学物质的防护，可选择气密型、非气密型和液密型化学防护服。对作业环境颗粒物的防护，可选择颗粒物防护服，以及气密型、非气密型和液密型化学防护服。若作业环境中同时存在不同状态的有害化学物质，应按照最优防护的原则选择化学防护服，即所选择的化学防护服应尽可能对作业环境中所有有害因素提供防护。

2）根据化学防护服等级选择。宜选择所需化学防护服类别中性能等级较高的防护服。多次性使用化学防护服适用于防护已知污染物并具备有效的洗消方法，且多次穿着、暴露和洗消不会影响化学防护服性能的情况；有限次使用化学防护服适用于未知的暴露环境，且没有建立有效的洗消方法，或洗消结果有效，但有可能危及化学防护服的防护性能或耐久性的情况。

3）根据作业环境选择。在不允许有静电的作业环境中，所选择的化学防护服应附加有防静电功能；在可燃、易燃或有火源的作业环境中，所选择的化学防护服应附加有相应的功能；在高温或低温作业环境中，所选择的化学防护服应具有相应的环境适应性；在可能存在物理危害（如切割、刺穿、高磨损等）的作业环境中，所选择的化学防护服宜附加有相应的防护功能；结合作业环境的特点，宜选择具有警示性的化学防护服。

4）根据作业人员生理需求选择。在确定化学防护服的防护性能和物理性能符合预期要求后，还应充分考虑对作业人员舒适性的影响。如质量轻、质地柔软的化学防护服对人员作业能力的限制小，热负荷较低的化学防护服具有较高的舒适性，附加有降温功能的化学防护服可以降低人员的热负荷等。选择的化学防护服号型应适合使用者的体征，以保证穿着的舒适性和防护的可靠性。

Tips **相关链接**

多次性使用的防护服使用完毕后，应进行检查、清洗并晾干保存，以便下次再用，应存放于干燥、通风、清洁的库房。以橡胶为基料的防护服，可用肥皂水洗净后冲洗晾干，撒上滑石粉存放；以塑料为基料的防护服，一般用清水洗净、晾干；以特殊织物为基料的防护服应远离油污，保持干燥，防止被腐蚀性物质损坏，避免织物中的纤维折断。

39. 防水服与阻燃服

（1）防水服

1）防水服的用料主要是橡胶，使用时应严禁接触各种油类（包括机油、汽油、食用油等）、有机溶剂、酸、碱等物质。

2）防水服洗后不可暴晒、火烤，应晾干。

3）存放防水服时尽量避免折叠、挤压，要远离热源，通风干燥。如需折叠，可撒些滑石粉，以免粘连。

4）穿着防水服时应避免与锐利物体接触，以免割破后影响其防水效果。

（2）阻燃服

阻燃服是在接触火焰及炽热物体后，在一定时间内能阻止本身被点燃、有焰燃烧和无焰燃烧的防护服。它适用于在有明火、迸溅火花、熔融金属和易燃物质等有火灾危险的场所作业的人员。

阻燃服的穿戴方法如下：

1）展开阻燃服，检查其是否完好无损；

2）分体式阻燃服先穿裤子，再穿上衣，使上衣盖住裤子至少 20 cm；连体式阻燃服先将腿伸进连体衣，然后伸进手臂，最后戴上头罩；

3）穿上阻燃靴，调节好鞋带，并确认裤腿完全覆盖住阻燃靴的靴筒；

4）最后戴上阻燃手套。

脱下阻燃服时，依照上述相反的顺序进行。

第6章 防坠落用品

40. 高处作业的客观危险因素

（1）高处作业的定义

国家标准《高处作业分级》（GB/T 3608—2008）中规定：在距坠落高度基准面 2 m 以上（含 2 m）有可能坠落的高处作业，称为高处作业。高处作业高度（h_W）分为 2 m 至 5 m、5 m 以上至 15 m、15 m 以上至 30 m 和 30 m 以上 4 个区段。

建筑施工的高处作业主要包括临边作业、洞口作业、攀登作业、悬空作业、交叉作业等。高处坠落被列为建筑施工伤害之首，事故发生率极高，占各类事故总数的 50% 以上，危险性极大。

（2）客观危险因素

1）阵风风力五级（风速 8.0 m/s）以上。

2）高温作业。

3）平均气温等于或低于 5 ℃的作业环境。

4）接触冷水温度等于或低于 12 ℃的作业。

5）作业场地有冰、雪、霜、水、油等易滑物。

6）作业场所光线不足，能见度差。

7）作业活动范围与危险电压带电体的距离小于规定值。

8）摆动；立足处不是平面或只有很小的平面，即任一边小于 500 mm 的矩形平面、直径小于 500 mm 的圆形平面或具有类似尺寸的其他形状的平面，致使作业人员无法维持正常姿势。

9）超出规定强度的体力劳动。

10）存在有毒气体或空气中氧的体积分数低于 19.5% 的作业环境。

11）可能会引起各种灾害事故的作业环境和抢救突然发生的各种灾害事故。

Tips 相关链接

坠落高度基准面是通过可能坠落范围内最低处的水平面。可能坠落范围是以作业位置为中心，可能坠落范围半径（R）为半径划成的与水平面垂直的柱形空间。

基础高度（h_b）是以作业位置为中心，6 m 为半径，划出的垂直于水平面的柱形空间内的最低处与作业位置间的高度差。

R 根据 h_b 不同规定如下：

1）当 $2\ m \leqslant h_b \leqslant 5\ m$ 时，R 为 3 m；

2）当 $5\ m < h_b \leqslant 15\ m$ 时，R 为 4 m；

3）当 15 m ＜ h_b ≤ 30 m 时，R 为 5 m；

4）当 h_b ＞ 30 m 时，R 为 6 m。

41. 高处作业的安全技术与管理措施

（1）高处作业的安全技术措施

1）设置安全防护设施，如防护栏杆、挡脚板、洞口的封口盖板、临时脚手架和平台、扶梯、防护棚（隔离棚）、安全网等。

2）设置通信装置，如为塔式起重机司机配备对讲机。

3）高处作业周边部位设置警示标志，夜间挂有红色警示灯。

4）设置足够的照明。

5）作业人员穿防滑鞋，正确佩戴和使用安全帽、安全带等高处作业防护用品。

6）设置供作业人员上下的扶梯和斜道。

（2）高处作业的安全管理措施

1）凡从事高处作业的人员，应经体检合格，达到法定劳动年龄，具有一定的文化程度，接受安全教育。从事架体搭设、起重机械拆装等高处作业的人员还应取得特种作业人员操作资格证。

2）作业需临时拆除或变动高处作业安全防护设施时，必须经有关负责人同意并采取相应的可靠措施，作业后应立即恢复。

3）遇有六级（风速 10.8 m/s）以上强风、浓雾等恶劣天气，不得进行露天高处作业。

4）高空作业所用材料要堆放平稳，工具应随手放入工具袋（套）

内，严禁高处抛掷作业工具、材料等。

5）严禁跨越或攀登防护栏杆以及脚手架和平台等临时设施的杆件。

6）雨天和雪天进行高处作业时，必须采取可靠的防滑、防寒和防雷措施，作业面上的水、冰、霜、雪应及时清除。高处作业者衣着要灵便，禁止穿硬底和带钉、易滑的鞋。

7）没有安全防护设施时，禁止在屋架的上弦、支撑、桁条、挑架的挑梁和未固定的构件上行走或作业。高处作业应设通信装置与地面联系，并由专人负责。

8）载人的外用电梯、吊笼应有可靠的安全装置。除指派的专业人员外，禁止攀登起重臂、绳索和随同运料的吊篮、吊装物上下。

9）加强安全巡查。

相关链接

根据有关规定，从事高处作业的人员要定期体检，凡患有高血压、心脏病、贫血、癫痫以及其他职业禁忌证者不得从事高处作业。

42. 手扶水平安全绳

为保证高处作业人员在作业过程中的安全，当进行特别危险的作业时，需要在系好安全带的同时，系挂手扶水平安全绳。手扶水平安全绳通常设置在悬空的钢梁、框架连系梁等处，可作为保持人体重心平衡的防坠落的扶绳。手扶水平安全绳的设置及使用主要有以下 8 个方面要求：

（1）手扶水平安全绳宜采用带有塑胶套的纤维芯钢丝绳，其技术性能应符合《重要用途钢丝绳》（GB/T 8918—2006）的要求，并有标志牌和质量证明书。

（2）手扶水平安全绳两端应固定在牢固可靠的构架上，在构架上缠绕不得少于 2 圈，与构架棱角处接触时应加衬垫。

（3）手扶水平安全绳端部固定连接应使用绳卡，绳卡压板应在手扶水平安全绳长头的一端，绳卡数量应不少于 3 个，间距应不小于手扶水平安全绳直径的 6 倍；安全夹头安装在距最后一只绳卡约 500 mm 处，应将绳头放出一段安全弯后再与主绳夹紧。

（4）手扶水平安全绳固定高度应为 1.1~1.4 m，每间隔 2 m 应设一个固定支撑点，固定后绳的弧垂应为 10~30 mm。

（5）手扶水平安全绳仅作为特殊情况下高处作业人员行走时的扶绳，严禁作安全带悬挂点使用；应经常检查固定端或固定点是否有松动现象，绳是否有损伤和腐蚀、断股现象。

（6）禁止使用麻绳作为手扶水平安全绳。

（7）使用 3 m 以上的长绳要加缓冲器。

（8）一条手扶水平安全绳不能两人同时使用。

43. 安全带

（1）安全带的组成

1）安全绳。在安全带中连接系带与挂点的绳或带，一般起扩大或限制佩戴者活动范围、吸收冲击能量的作用。

2）缓冲器。串联在系带和挂点之间，发生坠落时吸收部分冲击能量、降低冲击力的部件。

3）速差自控器。串联在系带和挂点之间、具备可随人员移动而伸缩长度的绳或带，在坠落发生时可由速度变化引发锁止制动作用的部件。当绳索的拉出速度小于 1 m/s 时，在自控器内弹簧的作用下，绳索可自由伸缩；当拉出速度大于 1 m/s，即发生坠落时，绳子带动自控器内圆盘快速转动，负责制动功能的棘爪由于惯性作用立即卡住转动盘上的凸角，使绳索不能继续拉出，从而起到制动作用。

4）自锁器。附着在导轨上、由坠落动作引发制动作用的部件。

5）系带。将安全带穿戴在人体上，并在坠落时支撑和控制人体、分散冲击力的部件，由织带、带扣及其他金属部件组成，一般有全身式系带、单腰式系带、半身式系带。系带中直接承受冲击力的织带为主带，不直接承受冲击力的织带为辅带。

6）护腰带。同腰带一起使用的宽带，起分散压力、提高舒适程度的作用。

7）其他零件。如调节主带或辅带长度的调节扣，用于将主带系紧或脱开的扎紧扣，用于连接系带及其他零部件的连接点，用于安全带各组成部分之间进行相互连接与分离的连接器等。

（2）安全带的正确使用

1）在使用前应当检查安全带是否具有合格品标记，各部分构件是否完好无损。

2）使用安全带时，不允许在地面上拖着安全绳走，以免磨损安全绳。安全绳不允许打结，使用过程中不能随意加长。

3）不得私自拆换安全带上的各种配件。更换新配件时，应检查新配件质量是否合格。单独使用 3 m 以上的安全绳时应考虑补充措施，如在绳上加缓冲器、自锁器或速差自控器等。缓冲器、自锁器或速差自控器可以单独使用，也可以联合使用。

4）作业时应将安全带的钩、环牢固地挂在固定设施上，以防脱落。

5）低温环境中使用安全带时应注意防止安全绳变硬、割裂。

Tips 相关链接

用于制作安全带的材料应具有一定强度，还应具有质量轻、耐磨、耐腐蚀、吸水率低和耐高温、抗老化等性能。安全带的金属配件多由普通碳素钢、合金铝等材料制成，包裹安全绳的绳套要用皮革、人造革、维纶或橡胶等耐磨及抗老化的材料制成。

44. 安全网

（1）安全网的安装

1）安装前要对安全网和支撑物进行检查，确认无误后才能安装。要检查网的标记与使用目的是否相符，网体是否存在影响使用的缺陷，支撑物是否有足够的强度、刚性和稳定性，且系结安全网的地方应无尖锐的边缘。

2）安全网上的每根系绳都应与支架系结，四周边绳（边缘）应与支架贴紧，系结应遵循打结方便、连接牢固、易于拆卸、受力不会解脱的原则。安装有筋绳的安全网时还应把筋绳连接在支架上。

3）安装密目式安全立网时，网上的每个环扣都必须穿入性能符合规定的纤维绳，允许使用性能不低于标准规定的其他绳索（如钢丝绳或金属线）代替，系绳绑在支撑物上（或架子上）时应遵循打结方便、连接牢固、易于拆卸、受力不会解脱的原则。

4）平网网面不宜绷得过紧。当网面与作业高度差大于 5 m 时，其伸出长度应大于 4 m；当网面与作业高度差小于 5 m 时，其伸出长度应大于 3 m；平网与下方物体表面的最小距离应不小于 3 m；两层平网间距不得超过 6 m。

5）立网网面应与水平面垂直，并与作业面边缘的最大间隙不超过 10 cm。

（2）使用注意事项

1）安全网在使用时应避免以下现象的发生：

①随意拆除安全网的部件；

②人员跳入或将物品投入安全网内；

③在安全网内或下方堆积物品；

④安全网周围有严重的腐蚀性烟雾存在；

⑤火星落入安全网内。

2）对于使用中的安全网，应进行定期检查，并及时清理网上的落物。当发生下列情况之一时，应及时进行修理或更换：

①安全网受到较大的冲击之后；

②安全网发生霉变或其他腐蚀；

③系绳脱落；

④安全网发生严重的变形或磨损；

⑤网的搭接处脱开。

相关链接

选用安全网时应当注意以下几个方面：

1）必须严格依据使用目的来选择安全网的类型，立网不能代替平网来使用；

2）新安全网必须有近期的产品检验合格报告，旧安全网必须经过检验合格，并有允许使用的证明书；

3）受过冲击、做过试验的安全网不允许再使用。

附 表

常用个体防护装备的分类、防护功能及适用范围

防护分类	防护分类编号	个体防护装备的类别	产品标准号	防护装备说明	参考适用范围
头部防护	TB	安全帽	GB 2811	对人头部受坠物及其他特定因素引起的伤害起防护作用的装备。还可包含防静电、阻燃、电绝缘、侧向刚性、耐低温等一种或一种以上特殊功能	造船、煤矿、冶金、有色、石油、天然气、化工、建材、电力、汽车、机械等行业存在坠物或对头部产生碰撞风险的作业场所，选用规范参见GB/T 30041

续表

防护分类	防护分类编号	个体防护装备的类别	产品标准号	防护装备说明	参考适用范围
头部防护	TB	防静电工作帽	GB/T 31421	以防静电织物为主要原料，为防止帽体上的静电荷积聚而制成的工作帽	电子、造船、煤矿、石油、天然气、烟花爆竹、化工、轻工、烟草、电力、汽车等行业的静电敏感区域或火灾和爆炸危险场所
眼面防护	YM	焊接眼护具	GB/T 3609.1 GB/T 3609.2	保护佩戴者免受由焊接或其他相关作业所产生的有害光辐射及其他特殊危害的防护用具（包括焊接眼护具和滤光片）	造船、建材、轻工、机械、电力、汽车、石油、化工、天然气等行业存在电焊、气弧焊、气焊及气割的作业场所
		激光防护镜	GB 30863	衰减或吸收意外激光辐射能量	造船、冶金、轻工、激光加工、汽车行业及光学实验室存在意外激光辐射（激光辐射波长在180 nm~1 000 μm范围内）危害的场所。不适合作为直接观察激光光束的眼护具、作为观察窗用于激光设备上的激光防护产品、作为光学设备（如显微镜）中的激光防护滤光片

续表

防护分类	防护分类编号	个体防护装备的类别	产品标准号	防护装备说明	参考适用范围
眼面防护	YM	强光源防护镜	GB/T 38696.1	用于强光源（非激光）防护	造船、煤矿、冶金、有色、石油、天然气、汽车等行业防御辐射波长介于 250 nm~3 000 nm 之间的强光危害。参见 GB/T 38696.2
		职业眼面部防护具	GB 32166.1	具有防护不同程度的强烈冲击、光辐射、热、火焰、液滴、飞溅物等一种或一种以上的眼面部伤害风险的防护用品	造船、煤矿、冶金、有色、石油、天然气、烟花爆竹、化工、建材、水泥、非煤矿山、轻工、烟草、电力、汽车等行业存在光辐射、机械切削加工、金属切割、碎石等的作业场所。不适合作为：a）一般用途太阳镜和太阳镜片或带有视力矫正效果的眼面部防护具；b）患者在进行诊断或治疗时用来防护曝光的眼面部防护具；c）直接观测太阳的产品，如观测日食等的眼部防护具；d）运动眼面部防护具；e）短路电弧眼面部防护具；f）焊接眼面部防护具；g）激光眼面部防护具

续表

防护分类	防护分类编号	个体防护装备的类别	产品标准号	防护装备说明	参考适用范围
听力防护	TL	耳塞	GB/T 31422	塞入外耳道内，或堵住外耳道入口，避免作业者的听力损伤	造船、煤矿、冶金、有色、石油、天然气、烟花爆竹、化工、建材、水泥、非煤矿山、电力、汽车、机械等行业存在噪声的作业场所。不适用于脉冲噪声的防护。参见 GB/T 23466
		耳罩		由压紧耳廓或围住耳廓四周并紧贴头部的罩杯等组成，避免作业者的听力损伤	
呼吸防护	HX	长管呼吸器	GB 6220	使佩戴者的呼吸器官与周围空气隔绝，通过长管输送清洁空气供呼吸的防护用品，其进风口必须放置在有害作业环境外	造船、煤矿、冶金、有色、石油、天然气、烟花爆竹、化工、建材、水泥、非煤矿山、轻工、电力、机械等行业存在各类颗粒物和有毒有害气体的作业场所。不适用于消防和救援。适用浓度范围参见 GB/T 18664
		动力送风过滤式呼吸器	GB 30864	靠电动风机提供气流克服部件阻力的过滤式呼吸器，用于防御有毒、有害气体或蒸气、颗粒物等对呼吸系统的伤害	造船、煤矿、冶金、有色、石油、天然气、化工、建材、水泥、非煤矿山、电力、机械等行业存在有毒气体、蒸气和（或）颗粒物的作业场所。不适用于燃烧、爆炸和缺氧环境及逃生。适用浓度范围参见 GB/T 18664

续表

防护分类	防护分类编号	个体防护装备的类别	产品标准号	防护装备说明	参考适用范围
呼吸防护	HX	自给闭路式压缩氧气呼吸器	GB 23394	利用面罩使佩戴人员的呼吸器官与外界有害环境空气隔离，依靠呼吸器本身携带的压缩氧气或压缩氧－氮混合气作为呼吸气源，将人体呼出气体中的二氧化碳吸收，补充氧气后再供人员呼吸，形成完整的呼吸循环	造船、煤矿、冶金、有色、石油、天然气、烟花爆竹、化工、建材、水泥、非煤矿山、轻工、电力、机械等行业存在各类颗粒物和有毒有害气体的作业场所。不适用于潜水和逃生。适用浓度范围参见 GB/T 18664
		自给闭路式氧气逃生呼吸器	GB/T 38228	将人的呼吸器官与大气环境隔绝，采用化学生氧剂或压缩氧气为供气源，并将呼出的二氧化碳吸收，形成一个完整呼吸循环，供佩戴者在缺氧或有毒有害气体环境下逃生使用	造船、冶金、有色、石油、天然气、烟花爆竹、化工、建材、水泥、非煤矿山、轻工、电力、机械等行业的作业场所发生意外事故时逃生用。不适用于潜水作业逃生。适用浓度范围参见 GB/T 18664

续表

防护分类	防护分类编号	个体防护装备的类别	产品标准号	防护装备说明	参考适用范围
呼吸防护	HX	自给开路式压缩空气呼吸器	GB/T 16556	利用面罩与佩戴人员面部周边密合，使人员呼吸器官、眼睛和面部与外界染毒空气或缺氧环境完全隔离，自带压缩空气源供给人员呼吸所用的洁净空气，呼出的气体直接排入大气	造船、煤矿、冶金、有色、石油、天然气、烟花爆竹、化工、建材、水泥、非煤矿山、轻工、电力、机械等行业存在各类颗粒物和有毒有害气体的作业场所。不适用于潜水和逃生。适用浓度范围参见 GB/T 18664
		自吸过滤式防毒面具	GB 2890	靠佩戴者呼吸克服部件阻力，防御有毒、有害气体或蒸气、颗粒物等对呼吸系统或眼面部的伤害	造船、煤矿、冶金、有色、石油、天然气、烟花爆竹、化工、轻工、电力等行业存在有毒气体、蒸气和（或）颗粒物的作业场所。不适用于缺氧环境、水下作业、逃生和消防热区。适用浓度范围参见 GB/T 18664
		自给开路式压缩空气逃生呼吸器	GB 38451	具有自带的压缩空气源，能供给人员呼吸所用的洁净空气，呼出的气体直接排入大气，用于逃生的一种呼吸器	造船、冶金、有色、石油、天然气、烟花爆竹、化工、建材、水泥、非煤矿山、轻工、电力、机械等行业的作业场所发生意外事故时逃生用。适用浓度范围参见 GB/T 18664

续表

防护分类	防护分类编号	个体防护装备的类别	产品标准号	防护装备说明	参考适用范围
呼吸防护	HX	自吸过滤式防颗粒物呼吸器	GB 2626	又称防尘口罩。靠佩戴者呼吸克服部件气流阻力的过滤式呼吸器，用于防御颗粒物的伤害	造船、煤矿、冶金、有色、石油、天然气、烟花爆竹、化工、建材、水泥、非煤矿山等行业存在各类颗粒污染物的作业场所。不适用于防护有害气体和蒸气，也不适用于缺氧环境、水下作业、逃生和消防。适用浓度范围参见 GB/T 18664
防护服装	FZ	防电弧服	DL/T 320	用于保护可能暴露于电弧和相关高温危害中人员的防护服	电力、冶金、有色、造船、汽车、电子等行业可能发生电弧伤害的场所，包括发电、输电、变电、配电和用电过程中从事运行、调试、检修和维护等相关作业场所
		防静电服	GB 12014	以防静电织物为面料，按规定的款式和结构制成的以减少服装上静电积聚为目的的防护服，可与防静电工作帽、防静电鞋、防静电手套等配套穿用	造船、电子、煤矿、冶金、有色、石油、天然气、烟花爆竹、化工、轻工等行业可能因静电引发电击、火灾及爆炸危险的作业场所

续表

防护分类	防护分类编号	个体防护装备的类别	产品标准号	防护装备说明	参考适用范围
防护服装	FZ	职业用防雨服[a]	—	用于防护作业过程中的降水（雨、雪、雾等）对人体的影响	石油、天然气、煤矿、非煤矿山等行业的户外作业场所
		高可视性警示服	GB 20653	利用荧光材料和反光材料进行特殊设计制作，以增强穿着者在可见性较差的高风险环境中的可视性，并起警示作用的服装	铁路、公安、工矿、消防、环卫、建筑、港口、码头、机场、园林、路政、救援、石油等行业需要提高作业人员可视性以保障个人安全的场所
		隔热服	GB 38453	按规定的款式和结构缝制的以避免或减轻工作过程中的接触热、对流热和热辐射对人体的伤害	冶金、有色、机械、建材、水泥等行业存在高温作业的场所，如金属热加工车间、工业炉窑与高温炉前等
		焊接服	GB 8965.2	用于防护焊接过程中的熔融金属飞溅及其热伤害	造船、汽车、建材、机械、轻工、煤矿、非煤矿山等行业的焊接及相关作业场所
		化学防护服	GB 24539	用于防护化学物质对人体伤害的服装	造船、冶金、有色、石油、天然气、烟花爆竹、化工、水泥、汽车、机械等行业可能接触化学品和颗粒物的场所。参见 GB/T 24536

续表

防护分类	防护分类编号	个体防护装备的类别	产品标准号	防护装备说明	参考适用范围
防护服装	FZ	抗油易去污防静电防护服	GB/T 28895	具有抗油和易去污功能的防静电服	适用于石油、石化等行业重油污且有静电防护需求的作业场所
		冷环境防护服	GB/T 38300	用于避免低温环境对人体的伤害	轻工、石油、天然气、煤矿、非煤矿山、商贸等行业低温环境作业或冬季室外作业
		熔融金属飞溅防护服[a]	—	用于防护工作过程中的熔融金属等对人体的伤害	冶金、有色、机械、非煤矿山等行业存在熔融金属飞溅危害的场所，不适用于消防和应急救援
		微波辐射防护服	GB/T 23463	在微波波段具有屏蔽作用的防护服，可衰减或消除作用于人体的电磁能量	电子、轻工、电力、机械等行业存在微波辐射伤害的作业，如大功率雷达制造、维修、操作；各种发射台，包括卫星地面站、通信发射台站、广播电视发射台站等。适合防护频率范围为 300 MHz~300 GHz 的微波辐射

续表

防护分类	防护分类编号	个体防护装备的类别	产品标准号	防护装备说明	参考适用范围
防护服装	FZ	阻燃服	GB 8965.1	在接触火焰及炽热物体后，在一定时间内能阻止本体被点燃、有焰燃烧和无焰燃烧	煤矿、冶金、有色、石油、天然气、烟花爆竹、化工、烟草、非煤矿山等行业有明火、散发火花或有易燃物质并有轰燃风险的场所
手部防护	SF	带电作业用绝缘手套	GB/T 17622	具有良好的绝缘和耐高压功能	电力、冶金、有色、建材、机械、造船、汽车、电子等行业带电作业或可能接触电源电压的场所，适用于交流 35 kV 及以下电压等级的电气设备上的带电作业
		防寒手套	GB/T 38304	用于避免低温环境对人员手部的伤害	轻工、石油、天然气、煤矿、非煤矿山、商贸等行业低温环境作业或冬季室外作业，适用于最低至 −50 ℃的气候环境或作业环境

续表

防护分类	防护分类编号	个体防护装备的类别	产品标准号	防护装备说明	参考适用范围
手部防护	SF	防化学品手套	GB 28881	能够对各类化学品和不包括病毒在内的其他各类微生物形成有效屏障，从而避免化学品和微生物对手部或手臂的伤害	造船、冶金、有色、石油、天然气、烟花爆竹、化工等行业手部可能接触化学品或微生物的作业，如接触氯气、汞、有机磷农药，苯和苯的二及三硝基化合物等的作业；酸洗作业；染色、油漆有关的卫生工程、设备维护、注油作业等
		防静电手套	GB/T 22845	用于需要戴手套操作的防静电环境，用防静电针织物为面料缝制或用防静电纱线编织而成的手套	电子、仪表、石化、煤矿、非煤矿山、轻工等行业存在静电危害的作业，如接触火工材料、易挥发易燃的液体及化学品、可燃性气体的作业，如汽油、甲烷等；接触可燃性化学粉尘的作业，如镁铝粉；井下作业等
		防热伤害手套	GB/T 38306	用于防护火焰、接触热、对流热、辐射热、少量熔融金属飞溅或大量熔融金属泼溅等一种或多种形式热伤害的手套	冶金、有色、机械、建材、水泥等行业存在高温作业的场所，如金属热加工车间、工业炉窑与高温炉前等

续表

防护分类	防护分类编号	个体防护装备的类别	产品标准号	防护装备说明	参考适用范围
手部防护	SF	电离辐射及放射性污染物防护手套	GB 38452	具有电离屏蔽作用的防护手套，保护穿戴者的手部免遭作业区域电离辐射及放射性污染物危害	机械、煤矿、建材、轻工、电力等行业存在电离辐射或放射性污染物危害的作业，如射线探伤，放射源运输、安装、计量、检测；不适用于医用辐射防护
		焊工防护手套	AQ 6103	保护手部和腕部免遭熔融金属滴、短时接触有限火焰、对流热、传导热和弧光的紫外线辐射以及机械性伤害，且其材料具有能耐受高达 100 V（直流）电弧焊的最小电阻的手套	造船、汽车、建材、机械、轻工、煤矿、非煤矿山等行业的焊接及相关作业场所
		机械危害防护手套	GB 24541	用于保护手或手臂免受摩擦、切割、穿刺或能量冲击中至少一种机械危害	造船、煤矿、冶金、有色、石油、天然气、烟花爆竹、化工、建材、水泥、非煤矿山、轻工、商贸、电力、汽车、机械等行业接触、使用锋利器物的作业，如金属加工打毛清边、玻璃加工与装配

续表

防护分类	防护分类编号	个体防护装备的类别	产品标准号	防护装备说明	参考适用范围
足部防护	ZB	安全鞋	GB 21148	具有保护足趾、防刺穿、防静电、导电、电绝缘、隔热、防寒、防水、踝保护、耐油、耐热接触、防滑等一种或多种功能	造船、煤矿、冶金、有色、石油、天然气、烟花爆竹、化工、建材、水泥、非煤矿山、轻工、电力、机械等行业存在足部伤害的作业场所，参见 GB/T 28409
		防化学品鞋	GB 20265	防护足部免受酸、碱及相关化学品的腐蚀或刺激	冶金、有色、石油、天然气、烟花爆竹、化工等行业涉及酸、碱及相关化学品的作业场所
坠落防护	ZL	安全带	GB 6095	在高处作业、攀登及悬吊作业中，将作业人员绑定在固定构造物附近，限制作业人员活动范围或在发生坠落时将作业人员安全悬挂	造船、煤矿、冶金、有色、石油、天然气、化工、建材、水泥、非煤矿山、电力、汽车等行业存在坠落风险的作业场所，参见 GB/T 23468
		安全绳	GB 24543	可与缓冲器配合使用，通过约束佩戴者活动范围、缓解冲击能量，实现对作业人员的防护功能	

续表

防护分类	防护分类编号	个体防护装备的类别	产品标准号	防护装备说明	参考适用范围
坠落防护	ZL	缓冲器	GB/T 24538	串联在系带和挂点之间，发生坠落时吸收部分冲击能量，降低作业人员受到的冲击力	造船、煤矿、冶金、有色、石油、天然气、化工、建材、水泥、非煤矿山、电力、汽车等行业存在坠落风险的作业场所，参见 GB/T 23468
		缓降装置	GB/T 38230	可供使用者以一定速度自行或由他人辅助从高处作业平面降落至地面的装置	
		连接器	GB/T 23469	可以将两种或两种以上元件连接在一起，具有常闭活门的环状零件	
		水平生命线装置	GB 38454	以两个或多个挂点固定且任意两挂点间连线的水平角度不大于 15° 的，由钢丝绳、纤维绳、织带等柔性导轨或不锈钢、铝合金等刚性导轨构成的用于连接坠落防护装备与附着物（墙、地面、脚手架等固定设施）的装置，通过与其他坠落防护装备配套使用实现坠落防护	

续表

防护分类	防护分类编号	个体防护装备的类别	产品标准号	防护装备说明	参考适用范围
坠落防护	ZL	速差自控器	GB 24544	安装在挂点上，装有可伸缩长度的绳（带、钢丝绳），串联在系带和挂点之间，在坠落发生时因速度变化引发制动作用的装备	造船、煤矿、冶金、有色、石油、天然气、化工、建材、水泥、非煤矿山、电力、汽车等行业存在坠落风险的作业场所，参见 GB/T 23468
		自锁器	GB 24542 GB/T 24537	附着在刚性或柔性导轨上，可随使用者的移动沿导轨滑动，由坠落动作引发制动作用，从而防止作业人员坠落	
		安全网	GB 5725	安全平网：安装平面不垂直于水平面，宽度不小于 3 m，防止人、物坠落，或避免、减轻坠落及物击伤害	
				安全立网：安装平面垂直于水平面，宽（高）度不小于 1.2 m，防止人、物坠落，或避免、减轻坠落及物击伤害	

续表

防护分类	防护分类编号	个体防护装备的类别	产品标准号	防护装备说明	参考适用范围
坠落防护	ZL	安全网	GB 5725	密目式安全立网：网眼孔径不大于12 mm，垂直于水平面安装，防止人、物坠落或避免坠物伤害	造船、煤矿、冶金、有色、石油、天然气、化工、建材、水泥、非煤矿山、电力、汽车等行业存在坠落风险的作业场所，参见GB/T 23468
		登杆脚扣	AQ 6109	穿戴于足部，供作业者从事电杆攀登作业的专用工具	电力、通信及广播电视等行业的电杆（或称线杆）攀登作业，不适用于木质电杆攀登
		挂点装置	GB 30862	由一个或多个挂点和部件组成的，用于连接坠落防护装备与附着物（墙、脚手架、地面等固定设施）的装置	造船、煤矿、冶金、有色、石油、天然气、化工、建材、水泥、非煤矿山、电力、汽车等行业存在坠落风险需要另外配备挂点的作业场所

注：[a] 表示此个体防护装备的产品标准正在制定中。